銲接學

周長彬・蘇程裕・蔡丕椿・郭央諶　　編著

U0068897

全華科技圖書股份有限公司　印行

序

　　銲接作為現代製造業的基礎工業與技術，在過去 20 世紀為工業經濟的發展已做出重要貢獻。應用領域從造船、航空、高樓建築和核能等應用，進一步微細化到超精密的晶片製造，皆利用銲接技術的優異成果。時至今日，面對著 21 世紀工業進步一日千里的挑戰，銲接作為工業基礎技術之一，培養一流專業技術人才將是不可忽略的基礎課程。

　　本書出版已超過十年，期間幾經微幅改版。全華科技圖書公司為因應工業的快速進步，原版內容需進行一次大幅修邊，乃邀請原主編交通大學周長彬教授主持，台北科技大學蘇程裕教授協助，進行此次重新改編工作，盼將銲接學以全新面貌呈現，引發讀者興趣，培育國內基礎工業生力軍。

　　本書內容分為九章，第一章敘述銲接定義；第二章介紹銲接基本原理；第三章詳細介紹各種銲接與熔斷技術的原理與特性；第四章敘述銲接施工程序；第五章詳細介紹銲接缺陷發生與防範對策；第六章列舉常用金屬材料銲接特性與注意事項；第七章介紹銲件之檢測技術；第八章敘述銲接安全管理；第九章附錄，主要補充銲接符號與專有名詞。

　　本書可供普通大學、科技大學與技術學院的教科書，提供機械、工業工程和土木等各科系之基礎專業科目使用，也可供產業界工程師參考。

　　限於作者們的能力，本書雖已竭盡全力，然而匆忙中難免有錯或交代不清之處，敬祈先進惠予指正賜教，俾加訂正，不勝感激。

作者謹誌

編輯部序

「系統編輯」是我們的編輯方針，我們所提供給您的，絕不只是一本書，而是關於這門學問的所有知識，它們由淺入深，循序漸進。

本書兼具學術與實務，文中引用國內外的研發成果，內容豐富；對於重點說明圖片使用彩色印刷方式呈現，相當的活潑生動。可供普通大學、科技大學與技術學院的教科書，提供機械、工業工程和土木等各科系之基礎專業科目使用，也可供產業界工程師參考。

同時，為了使您能有系統且循序漸進研習相關方面的叢書，我們以流程圖方式，列出各有關圖書的閱讀順序，以減少您研習此門學問的摸索時間，並能對這門學問有完整的知識。若您在這方面有任何問題，歡迎來函連繫，我們將竭誠為您服務。

相關叢書介紹

書號：0593102
書名：工程材料科學(第三版)
編著：洪敏雄、王木琴、許志雄
　　　蔡明雄、呂英治、方冠榮
　　　盧陽明
16K/548 頁/600 元

書號：0330074
書名：工程材料學(第五版)
　　　(精裝本)
編著：楊榮顯
16K/576 頁/630 元

書號：0561502
書名：工程材料科學(第三版)
編著：劉國雄、鄭晃忠、李勝隆
　　　林樹均、葉均蔚
16K/784 頁/750 元

書號：0548003
書名：機械製造(第四版)
編著：簡文通
16K/480 頁/470 元

書號：0614705
書名：機械製造(第七版)
編著：林英明、卓漢明、林彥伶
16K/656 頁/700 元

書號：0076604
書名：銲接實習(第五版)
編著：李隆盛
16K/472 頁/470 元

書號：0557404
書名：實用板金學(第五版)
編著：黎安松
20K/560 頁/520 元

◎上列書價若有變動，請
　以最新定價為準。

流程圖

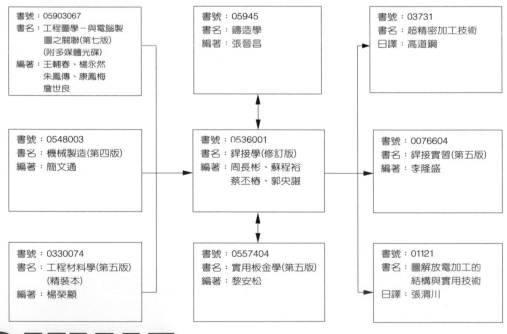

書號：05903067
書名：工程圖學－與電腦製
　　　圖之關聯(第七版)
　　　(附多媒體光碟)
編著：王輔春、楊永然
　　　朱鳳傳、康鳳梅
　　　詹世良

書號：0548003
書名：機械製造(第四版)
編著：簡文通

書號：0330074
書名：工程材料學(第五版)
　　　(精裝本)
編著：楊榮顯

書號：05945
書名：鑄造學
編著：張晉昌

書號：0536001
書名：銲接學(修訂版)
編著：周長彬、蘇程裕
　　　蔡丕椿、郭央諶

書號：0557404
書名：實用板金學(第五版)
編著：黎安松

書號：03731
書名：超精密加工技術
日譯：高道鋼

書號：0076604
書名：銲接實習(第五版)
編著：李隆盛

書號：01121
書名：圖解放電加工的
　　　結構與實用技術
日譯：張渭川

目 錄

1 章　概　論

2 章　銲接基本原理

3 章 銲接法與熔斷法

4 章　銲接施工程序

5 章　銲接缺陷與防範對策

6 章　特殊鋼及鑄鐵之銲接性

7 章 銲件之檢驗與測試

8 章　銲接安全管理規則

9 章　附　錄

1

WELDING

概　論

1-1　銲接之定義

　　銲接或稱熔接(welding)，係將兩件或兩件以上的金屬或非金屬銲件，在下列情況下接合，(1)將其接合處加熱至適當溫度，使其互相徹底熔化，添加填料或不添加填料；(2)在半熔化狀態施加壓力；(3)僅使填料熔化，而母材銲件本身並不熔化；(4)在母材銲件再結晶溫度以下施加壓力，待冷卻後，使之相互結合爲一體；此種程序稱之爲銲接。

1-2　銲接之種類

　　銲接發展迄今，其種類已有四十多種之多，依據美國銲接協會(American Welding Society，簡稱 A.W.S.)將銲接分類爲氣體銲接類、電弧銲接類、電阻銲接類、固態銲接類、軟銲類、硬銲類和其他銲接類，茲簡述如下：

1.　氣體銲接(gas welding)
  (1)　氧乙炔氣銲法(oxy-acetylene welding，OAW)。
  (2)　氫氧氣銲法(oxy-hydrogen welding，OHW)。
  (3)　空氣乙炔氣銲法(air-acetylene welding，AAW)。
  (4)　氧燃料氣銲法(oxy-fuel welding，OFW)。

2.　電弧銲(arc welding)
  (1)　碳極電弧銲接法(carbon arc welding，CAW)。
  (2)　遮蔽金屬電弧銲接法(shield metal arc welding，SMAW)。
  (3)　惰氣鎢極電弧銲法(inert gas tungsten arc welding，GTAW，俗稱 TIG)。

(4)　惰氣金屬極電弧銲接法(inert gas metal arc welding，GMAW，俗稱 MIG)。

(5)　潛弧銲接法(submerged arc welding，SAW)。

(6)　包藥銲線電弧銲法(flux cored arc welding，FCAW)。

(7)　重力式電弧銲法(gravity arc welding，GW)。

(8)　植釘銲接法(stud welding，SW)。

(9)　原子氫電弧銲法(atomic hydrogen welding，AHW)。

(10)　電漿電弧銲法(plasma arc welding，PAW)。

3.　電阻銲(resistance welding)

(1)　電阻點銲法(resistance spot welding，RSW)。

(2)　電阻浮凸銲法(resistance projection welding，RPW)。

(3)　電阻縫銲法(resistance seam welding，RSEW)。

(4)　閃光銲法(flash welding，FW)。

(5)　端壓銲法(upset welding，UW)。

(6)　衝擊銲法(percussion welding，PEW)。

4.　固態銲接(solid state welding)

(1)　摩擦銲法(friction welding，FRW)。

(2)　爆炸銲法(explosion welding，EXW)。

(3)　超音波銲法(ultrasonic welding，USW)。

(4)　高週波銲法(high frequency welding，HFW)。

(5)　鍛壓銲法(forge welding，FOW)。

(6)　氣體壓銲法(pressure gas welding，PGW)。

(7)　冷壓銲法(cold welding，CW)。

(8)　擴散銲法(diffusion welding，DFW)。

(9)　滾銲(roll welding，ROW)。

5. 軟銲法(soldering，俗稱錫銲)

(1) 燒銲器軟銲法(torch soldering，TS)。

(2) 電阻軟銲法(resistance soldering，RS)。

(3) 爐式軟銲法(furnace soldering，FS)。

(4) 感應軟銲法(induction soldering，IS)。

(5) 浸式軟銲法(dip soldering，DS)。

6. 硬銲法(brazing，俗稱銅銲或銀銲)

(1) 燒銲器硬銲法(torch brazing，TB)。

(2) 電阻硬銲法(resistance brazing，RB)。

(3) 爐式硬銲法(furnace brazing，FB)。

(4) 感應硬銲法(induction brazing，IB)。

(5) 浸式硬銲法(dip brazing，DB)。

(6) 紅外線硬銲法(infrared brazing，IB)。

7. 其他銲接法

(1) 雷射束銲法(laser beam welding，LBW)。

(2) 電子束銲接法(electron beam welding，EBW)。

(3) 電熱熔渣銲法(electroslag beam welding，EW)。

(4) 電熱氣體銲法(electrogas beam welding，EGW)。

(5) 鋁熱料銲法(thermit welding，TW)。

以上所列為各種類之銲接方法，其中之1.氣體銲接、2.電弧銲接、7.其他銲接法又統稱之為熔融銲接(fusion welding)；3.電阻銲、4.晶體固態銲接又統稱之為壓銲接(pressure welding)；5.軟銲、6.硬銲又統稱之為低溫銲接或鑞接。

1-3　銲接之發展

　　銲接最早的起源，歷史記載很少，但從古代獵具、兵器、裝飾品等我們可以發現，人類在銅器與鐵器時代已經開始使用鍛銲和硬銲來銲接金屬；銲接知識與方法之起源雖早，發展卻很緩慢，例如氣銲、電阻銲及電弧銲，均於十九世紀末葉才開始萌芽，而到了二十世紀才開始發展。

　　氣銲(gas welding)的構想來自煤氣照明系統，由柯樂德(Cland)利用煤氣來設計氣銲炬，但由於氧與煤氣燃燒的火焰溫度太低不適合銲接，1892 年後大量的碳化鈣(俗名電石)上市，1900 年法國愛德蒙‧福德(Edmund Fouche)發明氣銲炬，利用碳化鈣所產生的乙炔氣與氧氣混合燃燒銲接金屬，此為最初的氧乙炔氣銲。

　　1801 年英人哈佛利‧戴維(Humphry Davy)在做電子實驗時首先發現電弧，1856 年英人焦耳(J. Joule)在一次實驗中發現一束金屬絲由於通過電流而熔化連接，1877 年英人湯姆遜(E. Thomson)正式發明一種壓力很低的小型電阻銲機，電阻銲(resistance welding)開始正式出現，1880 年開始應用於金屬製造工業；1879 年德國化學家哥達斯基米德(Goldschmidt)發明鋁熱料銲法，以銲接厚大斷面之機件，如鐵路之鐵軌及修補齒輪等。1881 年有梅利登氏(A.D. Meritens)嘗試使用碳棒來銲接蓄電瓶的鉛板，1887 年俄人柏納德斯(N.V. Benardos)將銲件接於直流線路之陰極(－)，而將碳棒接於陽極(＋)。當通電時，碳棒與銲件間產生高溫電弧，再加入填充物，即能使銲件結合在一起。但是此種銲接容易產生偏弧(arc blow)作用，常使電弧不能垂直銲件，因此熱量無法集中，熱量損耗甚多。1889 年澤倫拿(Zerener)針對上述缺點於電極把手中間加一磁場線圈，以抵消電流流經碳極棒時所產生之偏弧，並將單一碳極改為雙碳極，使電弧產生於兩碳極棒間；上述銲法銲珠硬而脆、熱效率又低，為解決此銲接缺點，於 1892 年，俄國人斯拉維亞諾夫(N.G.

Slavianoff)將碳棒改用赤裸金屬棒銲接，成為金屬電弧銲的創始人，當時應用非常`普遍；但此種銲法仍有銲道易被氧化和氮化、銲接品質不佳、銲道強度不夠、電弧不夠穩定等缺點。因此在 1907 年，瑞典輪機工程師奧斯克爾・焦爾培格(Oscar Kjellberg)發明塗料銲條(covered electrode)，才發展為現在所通用的遮護金屬電弧銲法。

　　第一次世界大戰以前，銲接主要應用於維護和修理，直到大戰期間，由於造船工業以及各種軍需物品的需求，促使銲接技術不斷的發展與改進。

　　約於 1926 年美國人蘭格米爾(I. Langmier)發明原子氫電弧銲(atomic-hydrogen arc welding)，被公認為當時可獲最佳銲接品質之氣體保護電弧銲法。

　　然而操作遮護電弧銲，對於大量銲接工作或較厚銲件須多層銲道始能完成，浪費時間與成本，為克服上述問題 1935 年發明自動潛弧銲接；1936 年，第一部工業用高週波交流電銲機由米勒(Miller)公司研究成功，改進蓄電池直流電的缺點。

　　第二次世界大戰，由於航空工業的需要，刺激了惰性氣體銲接法的發展，1930 年霍伯特(Hobart)和戴維斯(Devers)使用惰性氣體作電弧銲接研究；1942 年美國諾斯羅甫航空公司(Northrop aircraft company)與杜威化學公司(Dowe chemical company)聯合研究惰性氣體電弧銲法，至 1944 年美國工程師梅利帝斯(R. Merideth)，以惰性氣體氦為屏蔽，鎢為電極，熔接鋁和鎂金屬成功並獲得專利，此稱為惰性鎢極電弧銲法；但因此法銲接速度慢且堆積率不高，故直接用赤裸銲線取代鎢極棒，合併鎳線與電極為一體。因銲接進行中銲線不斷加入銲道內，故稱之為消耗電極式(comsumable electrode)之惰氣金屬極電弧銲法。因為氬和氦氣均為稀有氣體，價格較貴，故在鋼材上銲接仍用價格較為低廉之二氧化碳(CO_2)爲遮蔽氣體，俗稱(CO_2)銲接。

　　自 1939 年至今，許多新的銲接方式更陸續的被發展出來，如電漿噴銲法、超音波銲接、摩擦銲接、電漿銲接、電熔渣銲接、電子束銲接和雷射束銲接，這些方法各有其發展背景，亦應用在不同之場所，直到今天，銲接的設備、方法、應用仍在不斷的研究發展中。表 1.1 所示爲各種銲接方法的沿革。

表 1.1　銲接方法發展之沿革

年代	發明人	內容及方法
1801	Davy	發現電弧
1802	Petrow(俄)	研究電弧
1856	Joule	發現金屬絲通電流熔化而連接
1862	Wohler(德)	利用石灰和碳之灼熱產生碳化鈣
1877	Thomson(英)	發現電阻銲接
1881	Merikens(英)	利用碳棒熔合蓄電瓶的鉛板
1885	Benardos(俄)	用碳棒弧光銲接金屬
1886	Thomson(英)	發明端壓銲接法(upset welding)
1887～8	不詳(英)	發明電阻電銲
1889	Benardos(德)	開發兩根碳棒電極弧光法
1890	Eerner	水性氣體(水蒸汽與一氧化碳混合氣體)銲接
1891	Slavianoff(俄)	金屬電極銲接
1895	Chatelier(法)	生產乙炔氣與氧燃燒
1895	Gold Schmidt(德)	發熱銲接法(thermit welding)
1900	Picard(法) Wiss	氣銲應用於工業 氧氣切割用的火炬(torch)被開發出來

表 1.1　銲接方法發展之沿革(續)

年代	發明人	內容及方法
1901	Fouche Picard(法)	低壓乙炔氣及氧氣之火炬改良
1908	Kiellberg(瑞典)	塗料遮蔽銲條開始使用
1919	Roberts	遮蔽氣體銲接(gas shield welding)
1925	Langmuir(美)	原子氫銲接
1930	Robinoff Paine(俄)	潛弧電弧銲
1936	不詳(美)	利用氬氣作遮蔽氣體發展出氣體金屬電弧銲法
1939	Reinicke(美)	發明電漿噴射(plasma jet)
1943	不詳(俄) Behr(美)	半自動潛弧銲接 超音波銲接
1948	Chudikow(俄) Steigerwald(德)	發明摩擦銲接法 開發電子束銲接機
1951	Paton(俄)	發明電熱熔渣銲(electroslag welding)
1953	Lyvabskii	氣體金屬電弧銲接工業化(日本、俄國)
1955	不詳	冷間壓接
1957	Stohr(法) Kaeskov	電子束工業化 開發擴散接合裝置
1960	Maiman(美)	雷射銲接機開發

1-4　銲接之用途

　　銲接在工業上的發展及製造上佔有相當重要的地位，不管生產或維修都不可或缺，已大部份取代鉚接的地位，亦取代部份栓接、鑄造、鍛造的場合。

　　各種不同的銲接方法亦應用於不同的工業上，例如汽車工業之底板及其它零件大部份採用(CO_2)銲接來完成，更精密的零件甚至採用電子束、雷射等來銲接，至於造船業、航空工業、國防工業、建築業、機械製造業等等都非運用銲接方法無以完成，甚至家電製品等日常用品，也須大量運用銲接方法來製造；近年來，模具夾具之製造與維護修理、鑄件砂孔之填補、手工具等磨損之修補以及精密機件、延軋輪等之再生銲補亦皆使用銲接技術來完成，我們幾乎無法列舉不使用銲接技術之工業，可見銲接技術應用之廣泛，地位之重要。

　　圖 1.1 為銲接應用於各種工業之情形。

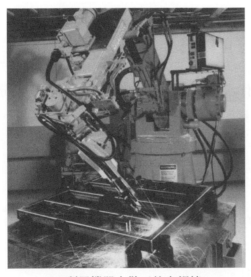 

(a) 利用機器人做工件之銲接　　　　　　(b) 銲接應用於飛機製造

圖 1.1　銲接之用途廣泛

(c) 銲接應用於高樓建築　　　　　　　　(d) 銲接應用於汽車製造

圖 1.1　銲接之用途廣泛(續)

1-5　銲接之優缺點

自從銲接發展以來，逐漸取代了鉚接、栓接、鍛接、鑄造等部份之場合，與這些方法相比較，銲接具有以下之優點：

(1) 節省材料，減輕重量。

(2) 減少工時，增進作業效率。

(3) 降低產品之成本。

(4) 銲接方法多，選擇適合之方法容易。

(5) 提高機件性能與使用壽命。

(6) 設計彈性大，產品形狀自由。

(7) 缺陷改正或修補維護容易。

(8) 施工程序簡單，自動化容易。

雖然銲接有以上諸項優點，然其仍有一些限制，銲接之缺點列舉如下：

(1)　殘留應力及變形問題目前仍無法完全避免。

(2)　銲接時亦產生偏析、相變態、氣孔、熱裂縫、冷裂縫、夾渣及熱影響區等之缺陷，形成破壞之根源。

(3)　銲接品質控制，常須經非破壞性檢驗或機械性質之測試。

(4)　大部份銲接方法會產生強光、高熱、煙塵及工作環境不良。

▌習 題

1.　何謂銲接？
2.　試述銲接之種類？
3.　簡述銲接之發展史？
4.　試述銲接之用途？
5.　試述銲接之優缺點？

2

WELDING

銲接基本原理

2-1　電弧之特性

2-1-1　電弧之形成

電弧是在高電流(10～200安培)低電壓(10～50伏特)條件下，放兩電極間產生放電現象，將氣體離子化(電漿)。兩電極間電子主要傳送過程如下：

(1)　電子從陰極放出。

(2)　電子由電漿傳送。

(3)　電子在陽極凝結。

當電弧長度非常長(約1/16吋)時，電能轉換成熱能之效率非常高(大約 85 %)。圖 2.1 即為直流正極性(direct current straight polarity；DCSP)電弧之示意圖。在電弧內，實際上僅一部份是離子化氣體，其餘部分是高熱化的氣體分子，電弧的溫度隨下列四種因素而變：

(1)　電極型式。

(2)　電流。

(3)　電弧長度。

(4)　圍氣(atmosphere)。

例如氬銲中，利用氬氣及鎢電極，在靠近陰極之電弧溫度可高達攝氏 20,000 度，然而在手工電銲用之鐵電極(shielded iron electrode)其最高溫度僅達 6,000 度。此差別主要在於氣體是否容易離子化。游離氫原子需要很高的溫度，相對而言，一般氣體分子在較低溫度時便可游離了，特別是當鈉、鉀原子存在於包覆電極內之包覆劑時，更可降低離子化溫度。圖 2.2 說明了上述二例之電弧溫度分佈。

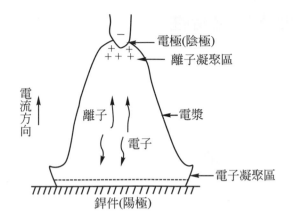

圖 2.1　直流正極性電弧示意圖

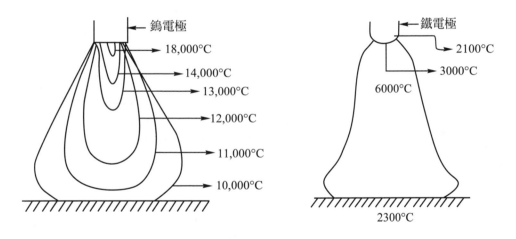

圖 2.2　鎢電極與鐵電極之電弧溫度分佈

　　此外，由於電弧內具有電磁力，尚未游離之氣流便會被陽極吸引，造成陰極附近氣流流速超過每秒 200 公尺，而流近陽極時，流速減為每秒 2 公尺。因此這種電漿流將熱傳導至陽極，同時也可將熔極式電極上之金屬輸送至銲件上，並且也會影響銲件之滲透及熔融池的形狀。

　　由此可知，由於電子的凝結，電弧的傳導及對流作用，使陽極加熱而導致融解。

2-1-2　電弧本身之特性

　　電弧之電壓降與電流之關係可用下式表示：

$$V_{arc} = A + BI^{-n}$$

其中A、B及n為常數，n值在 0.26 至 1.3 之間，視電極形式和圍氣等因素而定。圖 2.3 為電弧特性曲線之一。銲接方法亦會影響電弧特性，如圖 2.4 所示。

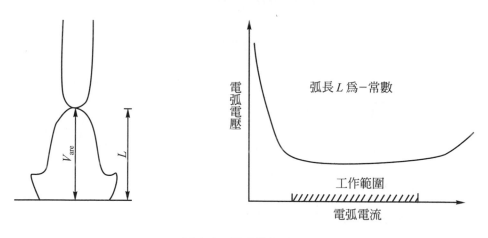

圖 2.3　電弧特性曲線

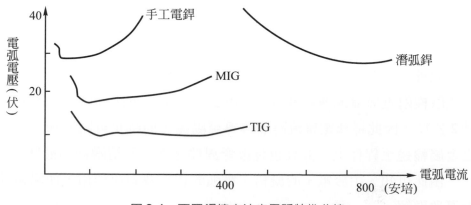

圖 2.4　不同銲接方法之電弧特性曲線

2-1-3　電極本身之特性

電弧電壓與電弧長度之關係如圖 2.5，可用下列式子表示：

$$V_{arc} = CL + D$$

式中　　L：弧長。

　　　　C：常數，依電極形式及圍氣種類而定。

　　　　D：常數，依電弧之導電性及電極形狀而定。

電極特性影響因素如下：

(1)　電極形成。

(2)　圍氣種類。

(3)　電流。

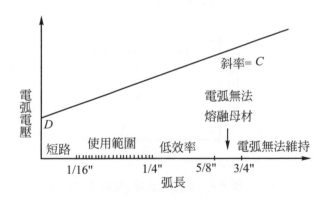

圖 2.5　電弧電壓與電弧長度之關係

其中若 C 值小，即表示當弧長改變時，電弧電壓改變量亦小，若 D 值大，將導致較高的輸入熱量(heat input)。綜合上述，可得一電弧特性，如圖 2.6 所示。

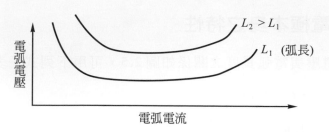

圖 2.6　不同弧長之電弧特性曲線

2-1-4　電源機之特性

如圖 2.7 所示，當電弧產生時，原先之電壓即因電流增大反而下降。

對一直流電源機，可以在此電源機之開路電壓(open circuit voltage：V_{oc})及短路電流(short circuit current：I_{sc})的極限內改變此二值，以達到銲接必須的特性曲線，如圖 2.8 所示。

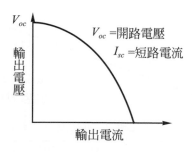

圖 2.7　定電流式電源機之特性

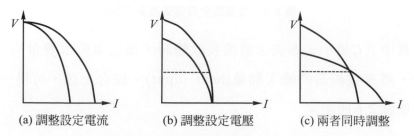

圖 2.8　銲接時電壓電流特性曲線

2-1-5　組合特性

　　將電弧特性及電源機特性組合，即可決定實際工作電壓及工作電流，如圖 2.9 所示。

　　因此，弧長及電弧特性決定電弧電壓(亦即銲接電壓)及電弧電流(亦即銲接電流)，而 $V_{arc} \times I_{arc}$ 則決定所作之功率，亦即輸入電弧之熱量。

　　由圖 2.10 可知，對於一近似定電流性電源機，少量之弧長變化，將大大影響電壓，但不影響電流；對於一近似定電壓性電源機，少量之弧長變化同時影響電壓和電流，而對於定電壓電源機，電壓將保持不變，僅電流隨弧長而變。

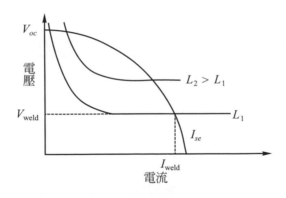

圖 2.9　組合特性

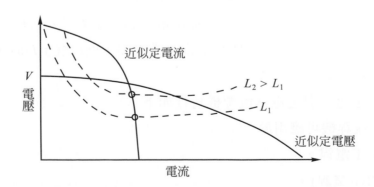

圖 2.10　不同電源機特性與不同電弧特性之比較

當弧長甚大時,其電弧特性曲線,無法與電源機特性曲線相交,電弧即自動消失,如圖 2.11 所示。

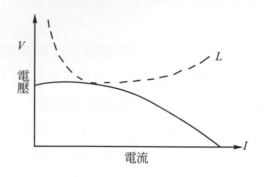

圖 2.11 弧長甚大時無法與發電機特性曲線相交,將使電弧消失

2-1-6 電源機選擇及電極選擇之應用

電弧熱量之公式為

$$H(\text{Joules/Inch}) \cong \frac{60 V_{\text{weld}} \cdot I_{\text{weld}}}{S}$$

而 $S = 銲速(\text{Inch/Minute})$

其中 20 至 75 %的熱量用來加熱銲件上的熔著金屬。從圖 2.10 可知,對於定電流特性電源機,從 L_1 增至 L_2 導致 $I_2 \cong I_1$ 而 $V_2 > V_1$,因此 $H_2 > H_1$。

對於定壓式特性電源機,從 L_1 增至 L_2 導致 $I_2 < I_1$ 而 $V_1 \cong V_2$,因此 $H_2 < H_1$。假如電源機特性曲線介於兩者之間,則 L_1 增至 L_2 時,$I_2 < I_1$ 及 $V_2 > V_1$,因此可能 $H_1 = H_2$。

比較定電流與定電壓電源機特性如下:

1. 定電流銲機可應用於

　(1) 手工電銲。

　(2) TIG(氬銲)。

(3) 碳極電弧銲(carbon arc welding)。

(4) 植釘電銲(stud welding)。

(5) 特種全自動MIG(附有電壓檢測器自動送線裝置者)。

2. 定電壓銲機僅能用直流電於

(1) 自動MIG。

(2) 半自動MIG。

2-2 銲滴之傳遞

2-2-1 銲滴型式之影響

銲材從熔極式電極傳遞到銲件的型式會影響到：

(1) 銲接方法適用與否。

(2) 滲透度的大小。

(3) 熔融池的穩定。

(4) 火花損耗(spatter loss)。

2-2-2 影響銲滴之力量

影響銲滴傳遞之作用力為：

(1) 表面張力。

(2) 重力。

(3) 電磁力(electromagnetic or lorentz force)。如圖2.12(a)(b)所示。

(4) 電漿中之氣體流。

(5) 從傳遞中金屬球滴表面之金屬蒸發。

(6) 氣體膨脹。

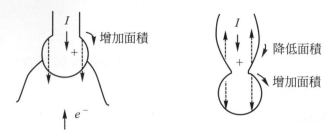

(a) 當電極直徑增大時，直流正電極(DCEP)反極電流之電磁力
　　作用於電流方向，當電極直徑減少時，作用於反電流方向

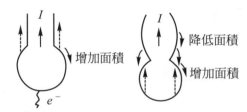

(b) 直流負電極(DCEN)之電磁作用力則與(a)相反

圖 2.12　電磁力對銲滴傳遞型式的影響

2-2-3　銲滴傳遞之型式

銲滴傳遞之主要型式有：

1. 自由飛行(free flight)

　(1)　重力型(gravitational)，如圖 2.13(a)所示。

　(2)　球形傳遞(globular or dropier transfer)，如圖 2.13(b)所示。

　(3)　噴灑式傳遞(spray or streaming transfer)，如圖 2.13(c)所示。

　(4)　排斥式傳遞(replled)，如圖 2.13(d)所示。

2. 短路傳遞(short circuit or dip transfer)，如圖 2.13(e)所示

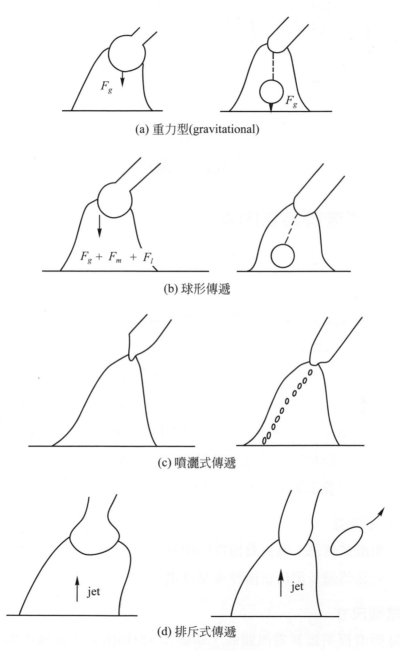

(a) 重力型(gravitational)

(b) 球形傳遞

(c) 噴灑式傳遞

(d) 排斥式傳遞

圖 2.13　銲滴傳遞型式

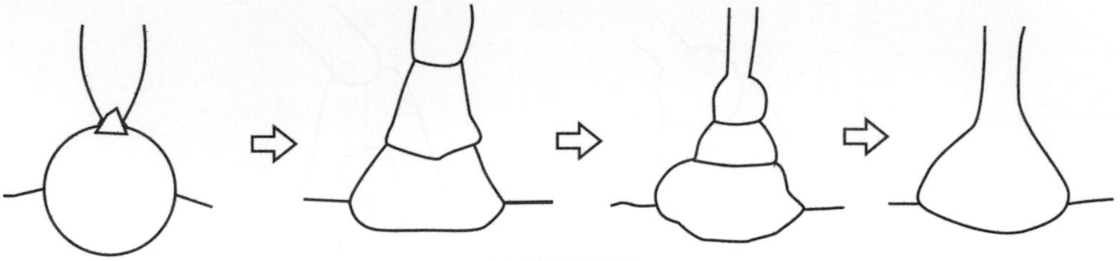

(e) 短路傳遞

圖 2.13 (續)

2-2-4 影響銲滴之因素

影響銲滴傳遞之主要因素：

1. 電流強度

低電流導致低電磁力，熔融速度亦減慢，因此在電極端之球滴緩慢形成大球滴，緩慢進入熔著金屬。

當電流加大，球滴直徑變小，成形速度加快，此時仍屬球滴式之銲材傳遞。然而，當電流加大至臨界電流(critical or threshold current)，電極端變尖銳，銲材傳遞方式迅速變化。從球滴式變成噴灑式銲材傳遞，細微的球滴非常快速地脫離電極尖端，此乃因電磁力之作用快速地到達母材之熔著金屬上，如圖 2.14 所示。

2. 電流類別

(1) 噴灑式傳遞：直流負極性(MIG)。

(2) 短路傳遞：直流正極性或交流電。

3. 電極尺寸

電極直徑與臨界電流關係，如圖 2.15(b)所示。從圖中顯示，隨著電極直徑增加，臨界電流呈線性增高。

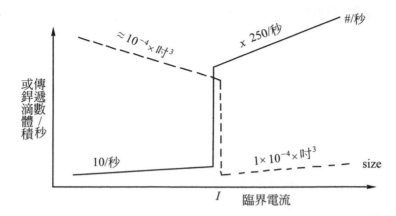

圖 2.14　電流強度對銲滴形狀之影響

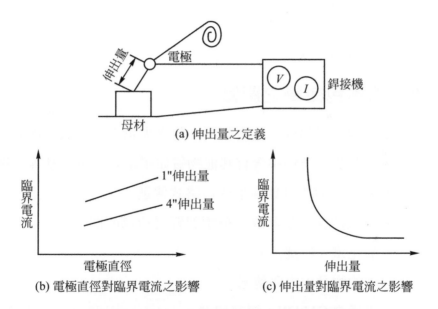

圖 2.15　電極尺寸與伸出量對臨界電流的影響

4.　電極伸出量(electrode extension or stickout)

　　圖 2.15(a)為銲接時，電極伸出量之定義。從圖 2.15(c)所示之伸出量對臨界電流之影響關係圖可知，伸出量愈大，所需的臨界電流愈低。

2-2-5 保護氣體之影響

1. 氬氣

銲接進行時，使用氬氣為保護氣體，當電流增加，銲材的傳遞會由球形轉換成噴灑式，而使熔融區較為均勻。

2. 二氧化碳

在二氧化碳保護氣氛下，使用直流正極，輔以短路式傳遞，可獲得最佳焊道品質。

3. 氦氣

在純氦氣的情況下，銲材為球形或短路式傳遞，因為有較高的電弧溫度，所以穿透性較高。

2-2-6 電極包覆層之影響

在手工電銲所用銲條之包覆劑中，包含大量之氧化鐵，則銲材傳遞為噴灑式。但如果包覆劑中含有其他物質如纖維素、氧化鈦等，則噴灑式傳遞不易產生，而改以球滴型或短路式傳遞。

以下為不同的保護氣體或包覆劑與銲材傳遞的關係：

1. 電極鍍氧化鐵：噴灑式。
2. 電極鍍別的物品：短路傳遞。
3. 直流負電極之 GMAW：短路傳遞。
4. 直流正電極之 GMAW：噴灑式。
5. 二氧化碳：短路傳遞。

2-3　銲接金屬之凝固(weld metal solidification)

2-3-1　液體金屬凝固

　　一般金屬凝固時，在沒有冷模情況下，液體內部會均勻地產生結晶核(nucleus of crystallization)，進而向四周生長為晶粒(grain)，如圖2.16所示。

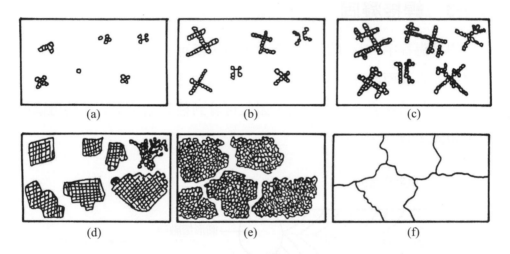

圖2.16　熔融金屬的凝固過程

2-3-2　金屬之鑄造成形

　　鑄造(casting)時，結晶由冷模(mold)四周向中心生長，陸續生成冷硬區(chill zone)、柱狀區(columnar zone)及等軸區(equiaxed zone)，如圖2.17所示。

　　對於材料而言，愈細的晶粒機械性質愈好；在鑄造中，添加接種劑可以使晶粒變細，進而強化其機械性質。

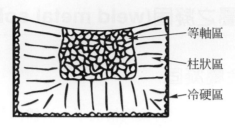

等軸區

柱狀區

冷硬區

圖 2.17   鑄造的固化組織

2-3-3   銲接凝固

銲接過程中，冷硬區通常不會出現，僅可看到柱狀區及等軸區。對於體心立方及面心立方之金屬，柱狀區晶粒之＜100＞方向，將沿著平行於銲接時的熱流方向而成長，因此可看到柱狀晶粒垂直著熔融區的界線，如圖 2.18 所示。

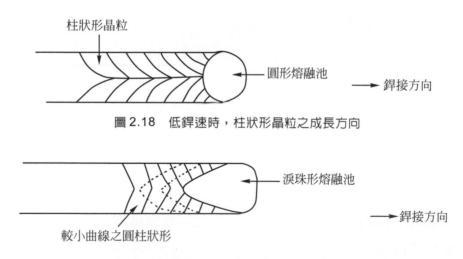

柱狀形晶粒

圓形熔融池

銲接方向

圖 2.18   低銲速時，柱狀形晶粒之成長方向

淚珠形熔融池

銲接方向

較小曲線之圓柱狀形

圖 2.19   高銲速時，圓柱形晶粒之成長方向

因為溫度梯度之方向(即熱流方向)在固化過程中會隨著熔融池的形狀而改變，因此熔融池的形狀將決定柱狀晶粒的形狀，此晶粒因為要保

持垂直於熔融池的界線(當銲速慢時)，而以淚珠形熔融池為最小(當銲接速度大時易形成淚珠形熔融池)，如圖 2.19 所示。

　　從凝固後之銲珠表面上的波瀾記號可以看出上述柱狀晶粒之形狀。

2-3-4　銲接熔融區之結構

　　熔融區的結構與金屬本身的成份有關，但由於在銲接中，通常溫度的梯度很大，而且晶粒成長速度緩慢，就算合金具備較寬的凝固溫度範圍其熔融區中，柱狀晶粒仍然存在。銲接性質部份決定於凝固速度，其中樹枝狀結構(dendrite)特性是一個重要參考因素，圖 2.20 是熱量輸入(H)與銲件性質的關係。

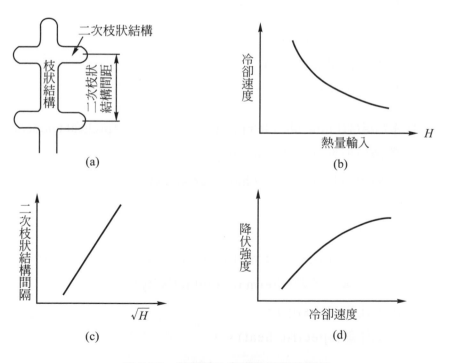

圖 2.20　熱量輸入與銲件性質的關係

2-4 熱循環(thermal cycle)及溫度分佈 (temperature distribution)

2-4-1 影響熱循環之因素

銲接時，熱循環決定母材加熱時間及冷卻速率；母材之溫度分佈決定熱影響區之範圍。

影響熱循環的重要因子分別如下：

1. 輸入能量(input energy)

$$E \cdot I(焦耳／吋) = 60 \times \frac{V \times I}{S}$$

   V：電弧電壓(伏特)。

   I：電弧電流(安培)。

   S：銲接速度(吋／分鐘)。

2. 母材起始溫度(initial plate temperature)或預熱溫度(preheat temperature)。

3. 銲材之幾何形狀(weld geometry)。

4. 銲材之傳熱特性(thermal characteristics)。

$$k = \frac{K}{\rho c}$$

   k：熱擴散係數(thermal diffusivity)。

   K：熱傳導係數(thermal conductivity)。

   ρ：比重(density)。

   c：比熱(specific heat)。

5. 銲條大小(electrode size)。

2-4-2　冷卻速率及熱影響區之變化

圖2.21為母材受熱後，典型的熱循環曲線，從圖中可得到下列的結論：

距銲道中心(weld center line)愈遠，則：

(1)　所能達到的尖峰溫度(peak temperature)愈低。

(2)　到達尖峰溫度的時間愈久。

(3)　加熱與冷卻速率(cooling rate)愈慢。

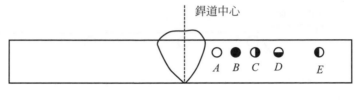

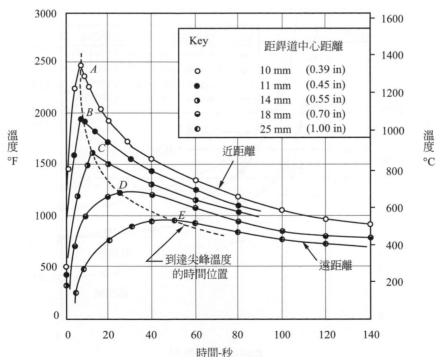

圖 2.21　典型的熱循環(thermal cycle)曲線

　　將位置 A、B、C、D，E 點所能到達的最高溫度劃出，則得到一個最高溫度與距離的曲線，稱之為尖峰溫度分佈圖(peak temperature distribution)，如圖 2.22 所示。

　　當輸入能量愈大，則：

(1)　銲道(fusion zone)愈大。

(2)　熱影響區(HAZ)愈大。

(3)　尖峰溫度分佈之坡度(gradient)愈小。

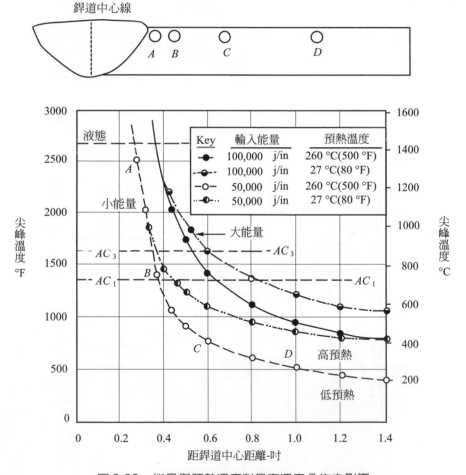

圖 2.22　能量與預熱溫度對最高溫度分佈之影響

　　圖 2.23 為輸入能量與預熱量對熱循環曲線之關係，從圖中顯示，當預熱溫度愈高，則：

(1)　熱影響區愈大。

(2)　尖峰溫度分佈之坡度愈小。

(3)　在同一位置所能達到之尖峰溫度也愈高，但銲道(fusion zone)之大小改變不大。

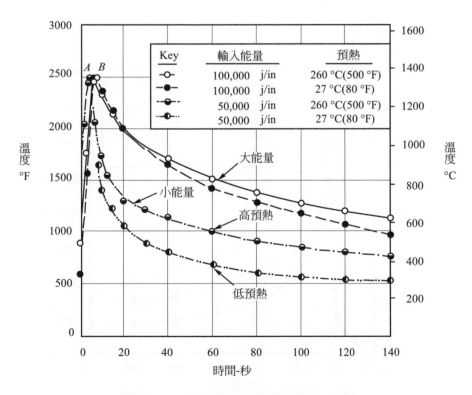

圖 2.23　能量與預熱對熱循環曲線之影響

由圖 2.23 可以知道，當輸入能量愈大，則：

(1)　在高溫受熱時間(exposure time)愈長。

(2)　冷卻速率愈慢。

另外可以知道，預熱溫度愈高，則：

(1)　冷卻速率愈慢。

(2)　在高溫受熱時間不變。

(3)　在中溫受熱時間變長。

圖 2.24 為母材厚度對熱循環之關係圖，從圖中關係顯示，當母材厚度增加時，則：

(1)　冷卻速率增加。

(2)　高溫受熱時間變短。

(3)　熱影響區變窄。

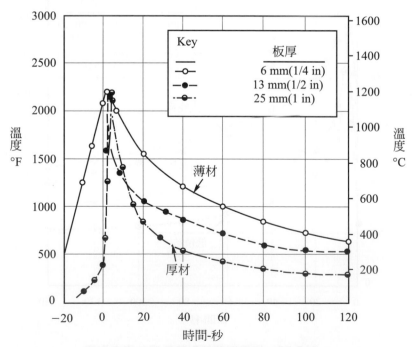

圖 2.24　母材厚度對熱循環之影響

　　使用同樣厚度的母材，隅角接的冷卻速率比對接的冷卻速率要快(大約三倍)，如圖 2.25 所示。

圖 2.25　接頭方式對冷卻速率之影響

2-5　銲接殘留應力與消除

2-5-1　銲接殘留應力的由來

　　殘留應力就是將一切外加負荷除去後仍存在於彈性固體內之應力。殘留應力可經由鑄造、壓、鍛造、冷加工、熱處理或銲接等不同加工程序產生。銲接殘留應力的產生，主要是銲件在沒有外力或者力矩條件下，銲接後在銲件上所遺留下來的應力。

　　以下探討殘留應力的產生原因及消除殘留應力的方法。

　　通常在銲接施工時，因為是局部加熱所以殘留應力和應變變形是同時發生的。由圖 2.26 可看出，常溫時由 O 點開始加熱，因膨脹產生壓縮內應力，沿 $O-P$ 線段逐漸增大，一但達到降伏曲線時，其受力狀況將沿著降伏曲線變化，內應力變化從 $P-Q$ 變化，當受力狀況在此線段路徑中之 Q_1 或 Q_2 各點，予以冷卻處理時，則會沿著 Q_1-R_1 或 Q_2-R_2 之各線段，將壓縮應力轉變為拉伸應力，等到冷卻至常溫後，R_1 或 R_2 就形成殘留拉伸應力。

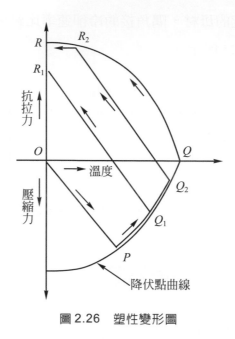

圖 2.26　塑性變形圖

2-5-2　銲接殘留應力之危害

1. 冷裂(氫裂)

　　冷裂產生的因素有 4 項，殘留應力、氫氣、易裂的顯微組織及溫度。一般使用三軸應力理論來說明殘留應力對冷裂的影響。

　　三軸應力理論認為氫原子會在鋼中滲透至具較高三軸應力區域，這個區域通常在熱影響內或其附近。如果有一定量的應力及氫存在於此區域，則微小的裂痕就會發生。裂痕發生的原因是因為氫原子聚集在此三軸應力集中的區域，而破壞這個區域結晶格子的結合力。

2. 熱裂

　　發生在材料由固態溫度附近冷卻時，由於低融點的合金元素會在固化的材質附近以液態型式存在，等於在晶粒之間產生一層液膜；當繼續冷卻加上前述的殘留應力的效果，會在液膜處發生晶界裂縫或樹枝狀組織的晶界裂縫。

3. 應力腐蝕

在某種環境中，殘留應力與腐蝕聯合發生作用謂之應力腐蝕。由於腐蝕的發生，殘留拉應力會在腐蝕部位之根部增加，使腐蝕裂縫增加，最後因應力集中的效應而使猛烈的破壞發生。

4. 脆性破裂

厚度方向的殘留應力與其方向的應力，會構成三軸拉應力狀態，不僅降低可操作的應力大小，同時妨礙材料塑性變形的能力，增加脆化及低應力爆裂的可能性。

由以上描述可知，在工業上應設法消除銲件的殘留應力，如果不做應力消除，也應知道殘留應力的大小及分佈，以供設計時的參考，避免使用上的危險。

2-5-3 銲接殘留應力之消除

可分為銲前的準備工作及銲後的處理。

1. 銲前的準備工作

⑴ 選擇適當的銲接方法，控制供給的熱量在允許範圍內，並儘量避免多餘的熱量供給。

⑵ 防止熱量集中或採用預熱，使熱應力平均分佈。

⑶ 改良銲接次序如採用：

① 對稱法。

② 後退法。

③ 交互法。

④ 跳銲法。

可以使殘留應力保持在最低限度內。

2. 銲後的殘留應力消除方法可分為二種

(1) 機械應力消除法：

① 捶打法。

② 機械拉力。

③ 容器內壓力。

④ 珠擊法。

⑤ 超音波振動法。

⑥ 熱應力應力消除法。

利用機械應力消除殘留應力的原理如圖 2.27 所示。

圖中曲線①表示原有的殘留應力，現在加上一個機械應力σ_{mech}於其上，則實際應力變為曲線②，再將外加機械應力除去則得曲線③的應力分佈。而曲線③的最大殘留應力值遠小於曲線①的值。

熱應力消除法則係在銲道兩側同時加熱到150～200℃的範圍內，銲道上溫度約為 100℃，利用此一溫差所產生的熱應力加在銲道上而發生應力重疊現象，以消除殘留應力。

(2) 加熱應力消除法：

乃是將整個構造物放進爐內退火以減輕其殘留應力，應力消除之退火溫度約在 650℃左右。除了改良材質之外，主要是利用材料的降伏點隨溫度上升而下降的物理現象，將材料施以高溫處理以消除超過降伏點的殘留應力，如圖 2.28 所示。

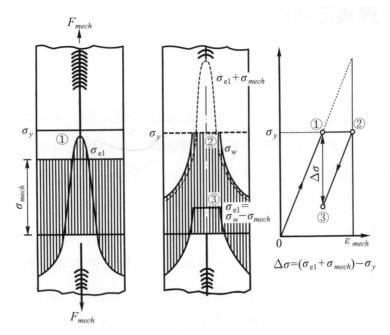

圖 2.27　利用機械應力來消除銲接殘留應力之示意圖

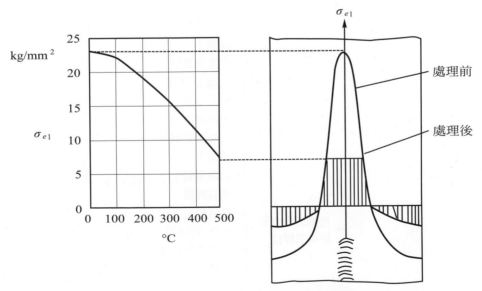

圖 2.28　利用材料在高溫時的低降伏點來消除銲接殘留應力之示意圖

2-6　銲條及助銲劑

2-6-1　銲條之種類

　　第一章已就銲接種類、發展和用途作簡要介紹，不同銲接方法及材料所使用之銲條及助銲劑亦不同。經過數十年的研究發展，目前我們所使用的銲條種類已不勝枚舉，表2.1為其簡要分類。但各類銲條依助銲劑(被覆劑)種類、銲接姿勢、電流類別與極性又可細分為各型各樣之銲條，其種類及表示法可參考CNS、AWS、JIS等有關銲條之規章即可。

　　表2.1所列之各種銲條，依助銲劑之有無或形態可分為赤裸銲條、被覆銲條和包藥銲條三大類，赤裸銲條常用於氣銲、惰性氣體銲接和潛弧銲等，被覆銲條一般使用於手工電弧銲，包藥銲條用於惰氣金屬極電弧銲和潛弧銲等，包藥銲線之形式可參看圖3.13。

表2.1　銲條之種類

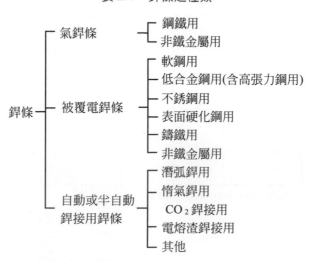

2-6-2 電弧銲用助銲劑之功用及種類

助銲劑(塗料)是構成銲條的要素，它在銲接過程中因爲電弧熱源之作用，會產生複雜的化學變化形成氣體、溶渣及其它冶金之效果，以提高銲接件之品質；助銲劑之主用功用有：

(1) 保護熔池防止外圍氣體侵入。

(2) 脫氧作用。

(3) 助銲劑內加入合金元素以調整銲接金屬的成份。

(4) 穩定電弧作用。

1. 保護熔池防止外圍氣體侵入

銲條於銲接過程中受電弧熱源之作用使助銲劑燃燒，會產生 CO、CO_2、H_2 和 H_2O 等氣體，這些氣體將銲接區周圍的空氣擠掉，避免熔池之高溫金屬與氧接觸而氧化，達到保護熔化金屬的目的。

助銲劑在燃燒時除了產生氣體外，亦會形成大量熔渣，熔渣在通過電弧空間向熔池傳播時包覆著熔滴，防止氣體侵入，銲接完成後熔渣覆蓋在熔池之上，使熔融金屬與大氣隔絕以避免被氧化及氮化，並使銲接的冷卻速率減緩以改善銲道的性質。

2. 脫氧作用

保護氣體與溶渣若含有氧化性物質，或銲條受潮、銲件處理不淨、沾油、銹及其它氧化物等，都會使銲接金屬產生氧化的現象；可在塗料中添加 Al、Ti、Si、Mn、C 等脫氧劑以克服銲接金屬被氧化。

3. 添加合金成份之作用

爲調整銲接金屬之合金成份，可在助銲劑中加入所要之合金粉末，銲接過程中合金燃燒損失小，可達到添加合金成份於銲道金屬之目的。

4. 穩定電弧作用

常用之穩弧劑為鹼金屬和鹼土金屬的化合物，如$CaCO_3$、K_2CO_3、Na_2CO_3、KNO_3、長石、花崗石和水玻璃等，穩弧劑中所含之 K、Na、Ca 等元素，其電離電位很低，助銲劑內含有這些低電離電位的物質，可以改善電弧空間氣體的電離條件，使銲接電流易於通過電弧空間，因此可以增加電弧的穩定性。

電弧銲之助銲削具有上述四大功用，然而不同系統之助銲劑其成份、特性和功用亦不同，以下僅就不同系統助銲劑之銲條作簡要介紹。

1. 高纖維素系(E6011、TC-11)

此類銲條於助銲劑中含約 30 %的有機物，這些有機物藉銲接燃燒的作用產生大量的氣體以保護熔填金屬，同時電弧周圍氣體屬於還原性，故可得優異之機械性能，不僅被覆薄，產生之銲渣量極少，且銲接時大量氣體之爆裂使之深具穿透性，故適於全位置及低道銲接。

2. 高氧化鈦系(E6013、TR-13、R-13)

此系銲條助銲劑含約 35 %之氧化鈦，銲接時電弧安定、火花量較低、熔渣易清除、銲道光滑波紋細緻、作業性極優秀且穿透深度較淺，故多適用於薄板銲接。

3. 鹽基鈦礦系(D4303、F-03、TAC-03)

此型銲條之助銲劑約含30 %以上之氧化鈦及約20 %之鹽基性氧化物，電弧安定、穿透度適中、銲渣呈網狀質脆易除且熔填金屬機械性優異，是優秀之軟鋼銲條之一。

4. 鈦鐵礦系(D4301、E-10、EL-10)

此種銲條之助銲劑含有 30 %以上之鈦礦石，並和鐵砂混合屬於中厚度被覆，因其成分介於高氧化鈦與酸性鈦鐵礦系兩者之間，熔鋼流動性良好、銲接保護固密,且電弧極爲安定,穿透雖屬中等,但絕少氣孔及夾渣,最適於厚板之深溝對接。

5. 低氫係(E7016、D4316)

此類銲條之助銲劑以碳酸石灰及氟化鈣爲主要成分,因盡量隔絕氧氣之生成,故熔渣之鹽基度極高。這種銲條於銲接時,碳酸石灰分解生成CO_2氣體以保護電弧,同時由於水性氣體之反應而將氫氣氧化;另外,因稀釋作用(dilution)使得保護氣體中之氫氣分壓降低,故溶解於熔塡金屬內部之氫氣量極少。

這類銲條之特長乃熔化時氫含量較其他種類低,且具有強力脫氧作用,使熔塡金屬具韌性和機械性能異常優越。但此類銲條電弧較不安定,且於銲道開端及接頭處極易生氣孔,故今日此類銲條皆於前端塗抹一層氣孔防止劑以防氣孔之生成。另外,銲道稍凸且銲條易受水份之影響,故施工技術及使用前之烘乾爲必要注意事項。

6. 鐵粉低氫系(E7018、E7028)

此系銲條與低氫系之助銲劑成分相同,唯加入 25～40 ％鐵粉,使之熔塡速率得以提高,其他性質與低氫系並無太大的差異。

7. 鐵粉氧化鈦系(E7024、T-24)

此型銲條係將高氧化鈦系之被覆劑中加入大量的鐵粉,屬厚被覆銲條,被覆重約爲銲條重量之 50 ％,銲接時電弧穩定且形成深的保護罩使得操作容易,銲道非常美觀且熔塡效率可達 170～200 ％,最適於薄板之緣角銲或不太需要強度的 T 形銲口。

8. 鐵粉氧化鐵系(E-6072、T-27、T-27L)

此類銲條係將高氧化鐵系加入酌量之鐵粉所作成。與鐵粉氧化鈦系具有同樣之目的,唯銲接時熔滴呈噴濺狀傳送,穿透性中等,銲濺損耗極微，且銲渣可以自動剝落，作業性、機械性俱佳，適於平銲及水平角銲。

2-6-3　軟、硬銲用銲料及助銲劑

軟銲銲料的種類繁多，常用的有錫鉛軟銲料、錫銻鉛軟銲料、錫銻軟銲料、錫鋅軟銲料等；硬銲銲料有不同的形式如線狀、條狀、粉末狀等，常用的有鋁矽合金硬銲料(BalSi)、銅磷合金硬銲料(BCuP)、銅金合金硬銲料(BAu)等，視不同銲接母材而選用。

軟銲常用的助銲劑有鹽酸、氯化鋅、氯化銨等腐蝕性銲劑及松香、牛脂等非腐蝕性銲劑；硬銲常用之助銲劑有硼酸、硼酸鹽、熔融硼砂、氟化硼酸鹽、氟化物、氯化物和鹼等。

軟硬銲助銲劑之主要作用有三：
(1)　除去母材表上的氧化物、或將難於熔解的氧化物排除浮於表面上。
(2)　防止母材因施銲而溫度昇高，生成新的氧化物。
(3)　減低熔融狀態銲料的表面張力，促進金屬液均勻流入接合縫內。

習題

1. 試述電弧是如何產生的？
2. 試述定電流式電源機之特性？
3. 銲滴傳遞之主要型式為何？
4. 影響銲滴傳遞之作用力有那些？影響銲滴傳遞之因素為何？
5. 試繪圖說明銲接金屬之凝固過程？
6. 試述銲接殘留應力之危害及其對策？
7. 試述電弧銲助銲劑之功用？
8. 軟、硬銲之助銲劑有那些？主要作用為何？

3

WELDING

銲接法與熔斷法

3-1 電弧銲法之理論

3-1-1 電弧銲法之基本原理

電弧銲接(arc welding)的最初方法是使用碳棒作為電極,當二支碳棒接上適當電源(最初使用直流電源),其中接於負極之碳棒稱為陰極(cathode),接於正極之碳棒稱為陽極(anode);當兩極接觸後立即分離,在兩極間之空氣被電離而產生光束即稱之為電弧(arc),電弧之溫度可達3000℃以上,可將兩銲件之接合部及填充料熔化而接合,後來經過改良而有各種電弧銲法的發明,然其原理都是一樣的,其示意圖如圖3.1所示。

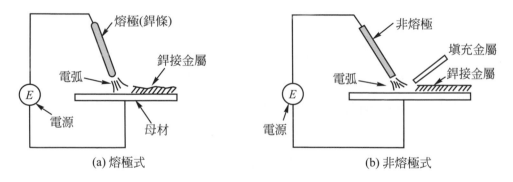

(a) 熔極式　　　　　　　　　　(b) 非熔極式

圖 3.1　電弧銲之基本原理

3-1-2 定電流與定電壓

電銲機依二次側輸出電流區分為交流電銲機(alternating current welder,簡稱 AC)及定電壓式(constant voltage,簡稱 CV)。電壓電流曲線主要是決定改變電弧電壓時,有多少熔接電流將隨之變化,因此它允許電銲機控制熔接熱量和維持電弧;電弧電壓表示熔接進行時,電銲條和銲件之間所產生之電壓，電弧電壓範圍從長電弧的 32 伏特至短電弧的 22 伏特。

　　如圖 3.2 所示為定電流式銲機之電流－電壓特性曲線，當銲接電弧起弧時，開路(open circuit)電壓下降至電弧電壓，電弧電壓由操作者握持電銲條之弧長和使用電銲條之種類來決定。當弧長增加，電弧電壓隨之增加而銲接電流下降；同理，弧長縮短時，電弧電壓隨之減少而增加熔接電流。圖 3.2 中之A曲線，從輸出斜率可知電壓變動 45 ％(22V～32V)，電流僅改變 13 ％(115A～133A)，此即說明在施銲當中，即使人為因素改變弧長，電流仍可保留幾乎定值。

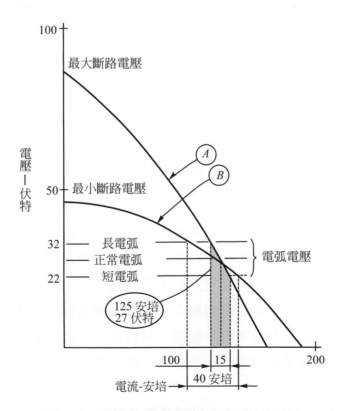

圖 3.2　定電流式銲機之電壓－電流特性曲線

圖 3.3 為定電壓式電銲機之電流－電壓特性曲線，從圖中可知定電壓式並非真正的電壓為一定值，而是具有稍微向下的斜率，斜率的改變可藉調整銲接回路中之阻抗而達成；如圖中所示A點增減電壓25％分別至B和C點，則電流之改變為50％；此類設計適用於惰氣金屬極電弧銲和潛弧銲等具有定速送線裝置之銲機，利用此特性以確保一定電弧長度，即電壓近似一定值。

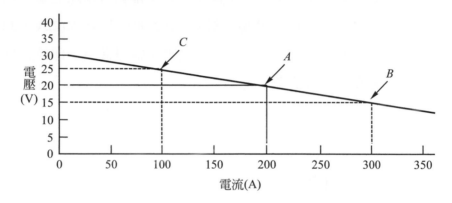

圖 3.3　定電壓式銲機之電流－電壓特性曲線

3-1-3　交流電銲機之電流特性

交流電之電源大都是60Hz週波之電源，其乃指電流朝某一方向進行時，每秒鐘有120次正負交互變換方向之半週波而言。因此電流在每秒鐘有120次歸零之機會，若在銲接進行中，電流歸零將使電弧熄滅。為了彌補此種缺陷，在交流電銲機中利用電感和電容促使電流超前或落後於電壓，也就是使電流和電壓在正負半週波交換時不要同時歸零，此時電弧雖不穩定，但還不致於斷弧；另外從電銲條塗料加入游離電子之物質，以輔助電子通過電壓正處於零位時之媒介，以恢復電弧順利產生而不致斷弧。

圖3.4即為利用電流延後以避免電弧熄滅之示意圖。

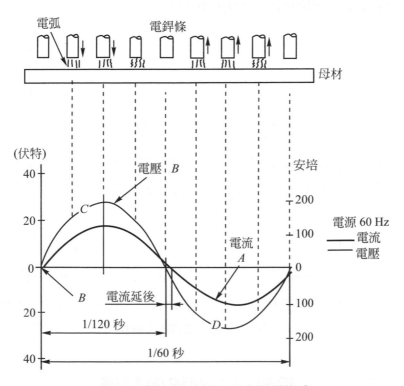

圖 3.4　利用電流延後以避免電弧熄滅

3-1-4　直流電銲機之極性

　　直流電銲機之極性可分為直流負電極(direct current electrode negative，簡稱DCSP)和直流正電極(direct current electrode positive，簡稱DCRP)，直流負電極乃從直流電銲機引出之正負兩條電纜線，其中以正極接於銲件，負極接於電極把手端；直流負電極之接法則恰與直流正電極相反，其示意圖如圖 3.5 所示。

　　施銲時到底採用何種極性需依銲接種類、銲接方法、母材之材料種類與厚薄、堆積率等選用適當的方法。

一般來說，採用直流負電極時因電子流是由銲線衝向母材，因此母材分佈熱量較多，故電弧穿透力較深且電銲條熔融率較慢，適合銲接厚度較大之工作；直流正電極則剛好相反，電子流由母材衝向銲材，大部份熱量分佈在電銲條上，僅少部分熱量分佈到母材，故穿透較淺，電銲條熔融速度快，堆積率較高，適合銲接較薄的材料。

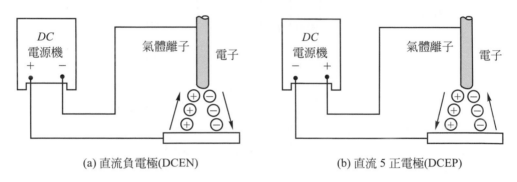

(a) 直流負電極(DCEN)　　　　　　　　(b) 直流 5 正電極(DCEP)

圖 3.5　　直流電銲機之極性

3-2　遮蔽金屬電弧銲之理論與設備

遮蔽金屬電弧銲(shielded metal arc welding)之原理如彩色圖 3.6所示，使用包覆銲條當電極，電極與母材間產生電弧，電弧的熱量熔融銲條與母材。冷卻凝固後形成銲道而將銲件接合。銲接進行中，銲條之塗料被電弧燃燒，生成氣體與浮渣，對電弧與銲接熔池形成遮蔽，使熔融的金屬與空氣隔絕避免被氧化，因此銲道品質較裸金屬電弧銲法要優良許多。

電源可為交流(AC)、直流(DC)或交直流兩用電銲機，銲條直徑、包覆塗料種類、銲條與母材的材料決定使用交流或直流及電流的大小，操作者可依需要適當的選擇。

　　施銲時工作者之防護器具要齊全，個人防護器具包括面罩、工作衣、皮手套、腳罩等，其穿戴如圖 3.7 所示，其現場施銲情況如圖 3.8 所示。

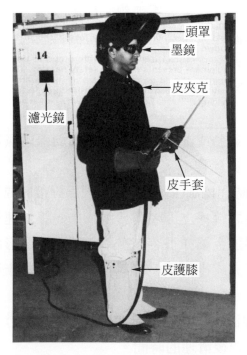

　　頭罩
　　墨鏡
　　皮夾克
濾光鏡
　　皮手套
　　皮護膝

圖 3.7　電銲時之個人防護裝備

圖 3.8　利用遮蔽金屬電弧銲施銲之情形

3-3　惰氣鎢極電弧銲之理論與設備

　　惰氣鎢極電弧銲(GTAW)之原理如彩色圖 3.9 所示(在工業界慣稱為 TIG)，電弧在鎢電極與母材間產生，同時添加填料(棒材)於電弧間，使填料熔化，銲炬另吹出氬或氦等惰性氣體，以保護熔融狀之銲道使其不被氧化，待凝固後即形成銲道；TIG銲接時，有時亦不添加填料，使銲件接合部熔融凝固即完成接合。

　　銲接時因產生高溫，故銲炬中需使用循環水予以冷卻；當冷卻水流量不足時，高週波電源則會自動關閉，以警告操作者。

　　起弧開關有的設計在銲炬把手上，有的另外設計腳踏板開關；起弧時因為鎢極為非消耗電極，不能像遮蔽金屬電弧銲一樣用摩擦法或敲擊法起弧，而是利用銲機產生高週波起弧；高週波使用電流為直流電時，起弧後即停止，而在交流電的場合，高週波伴隨電弧繼續發生，以穩定電弧和執行類似"噴砂"原理破除氧化膜的清淨作用。至於交直流及極性之選用依材料之不同而選用。

　　保護氣體可採用單一的惰性氣體或混合氣，選用適當的保護氣體或混合比，可得到最佳的銲道斷面與稀釋率。

　　銲機上另設有遮護氣體延遲時間控制(俗稱後吹)，因為銲接完成後，若立即停止惰氣之供給，則高溫之鎢棒立即曝露於空氣中，將快速被氧化而損耗，同時仍處於高溫之銲道金屬亦很容易被氧化或氮化，形成氣孔和龜裂等瑕疵，所以銲件銲接完成後仍須使惰氣維持數秒至數十秒的後吹。

　　惰氣鎢極電弧銲與其它的銲法比較起來，具有下列一些優點：

(1)　沒有銲渣及潑濺物，減少銲後清理的時間。

(2)　適合銲接抗腐蝕性及其他難以銲接之材料，例如鎂、鋁或不銹鋼等。

(3)　不需使用銲劑，沒有銲劑的流動，可以清楚看見熔池。

(4)　熱輸入控制容易，且可不添加填料，對薄材料之銲接特別方便。

(5)　銲接品質良好。

(6)　煙霧少，銲接環境良好。

　　但是惰氣鎢極電弧銲也有一些限制：

(1)　銲接速率及堆積率慢，對於較厚斷面的銲接費時且昂貴。

(2)　電極容易沾上熔池的金屬，更換費時。

(3)　填料方式及某些位置之銲接自動化不易。

　　圖3.10為應用惰氣鎢極電弧銲應用於核能管件銲接及鋁鑄件銲補之情形。

(a) 使用 GTAW(TIG)銲接核能管件　　　　(b) 使用 GTAW(TIG)銲補鋁鑄件

圖3.10　GTAW 之應用情形

3-4　惰氣金屬極電弧銲

　　惰氣金屬極電弧銲(GMAW)之原理與設備如彩色圖3.11所示，在工業界慣稱為 MIG，其設備由下列五個主要部份組成。

(1)　電銲機。

(2)　金屬線進給器。

(3) 保護氣附屬鋼瓶、流量計等。

(4) 冷卻裝置。

(5) 銲槍。

　　MIG與前述TIG在許多方面類似，均具共同的優點。因此前述有關 TIG 銲法之優缺點大部份均可適用於 MIG，差別只在 TIG 適用在較薄板，而 MIG 可用在厚的工件上；另外 MIG 因直接使用可消耗性填充棒為電極，銲接自動化較不受限制。

　　MIG是使用消耗性電極，因此大部份採用定電壓之電銲機，以防止因電壓之改變影響電弧長度以致產生不均勻銲道之缺點；施銲時可藉調整電壓值來控制電弧長度，而熔接電流的輸出完全由金屬線進給速度來決定。施銲過程中，如因電弧長度變得比預定值短時，電銲機自動增大電流值，同時自動調整金屬線進給速度來保持一定電弧長度；相同地，如果電弧長度變得比預定值長時，電銲機自動降低電流值和增加金屬線進給速度。

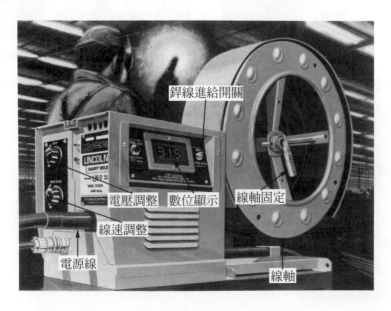

圖3-12　使用MIG施銲之情形

金屬線進給器之設計形式，可分為推送式(push)、拉引式(pull)，及推引式(push/pull)三種。

保護氣體的使用可採用氬氣、氦氣、二氧化碳和混合氣等，一般依銲接材料及所欲得之熔透狀況、銲道品質等來決定。圖3.12為使用MIG施銲之情形。

3-5　包藥銲線電弧銲

包藥銲線電弧銲(FCAW)所需的設備與惰氣金屬極電弧銲相同，如彩色圖3.11所示，差別在於所用的銲線是包藥銲線，包藥銲線之形式如圖3.13所示。

包藥銲線電弧銲一般採用CO_2為保護氣體，以降低成本；亦有不需使用保護氣體者，此時銲線之包藥必需採用會生成保護氣體之銲藥；而使用之銲機可為MIG銲機，亦可使用省略保護氣體設備之銲機。

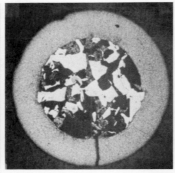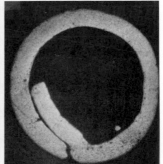

3.13　包藥銲線橫斷面之四種形式

3-6 潛弧自動銲接法之原理與應用

　　潛弧銲接(SAW)之原理與設備如彩色圖3.14所示,是一種以粉粒狀銲藥覆蓋在被銲部位,將赤裸銲道(或包藥銲線)插入銲縫中,在銲線末端與母材間產生電弧,使銲線保持一定的進給速度、電弧長度、銲接速度,銲線熔融並熔化部份母材凝固後形成銲道金屬。施銲時因銲藥完全覆蓋熔池與電弧,故在銲接進行中,弧光並不外洩,且無銲濺物(spatter)煙塵,所以稱之為潛弧銲接。

　　如彩色圖3.14所示,施銲時除銲線自動進給外,銲藥亦經由輸送軟管自動流下,覆蓋在銲接部位。銲接時,部份銲藥熔化形成銲渣浮在銲道金屬上面,以保護高溫之銲道金屬,上層未熔化之銲藥可再回收利用。

　　潛弧銲接可採用單極(single arc)、單極雙線(twin arc)、雙極或多極(tandem arc)或使用帶狀銲線來施銲,潛弧銲具有以下之優點:

(1) 可採用大電流,金屬堆積率高,較一般手工銲可高出10倍。

(2) 無火花飛濺物及煙塵,故無需穿防護衣和戴面罩,施銲者工作安全性高。

(3) 銲接電流密度大,且銲速快,工件變形量小。

(4) 銲藥或包藥可增加合金元素,改善接頭品質。

(5) 銲道品質佳,外觀平滑均勻。

(6) 適合於厚板銲接,接頭開槽較小,甚至不用開槽,節省銲接材料。

　　至於其缺點,列舉如下:

(1) 只限於平銲及平角銲,無法適用於立銲、橫銲及仰銲。

(2) 銲接中無法觀察熔池,故銲道之好壞無法即時查覺,即時補救。

(3) 設備費用高。

(4) 入熱量大,熱影響區內之結晶容易變粗影響品質。

(5) 銲藥容易受潮而產生氣孔,烘乾費時。

圖 3.15 為潛弧銲接機之實體外觀，圖 3.16 為施銲之情形。

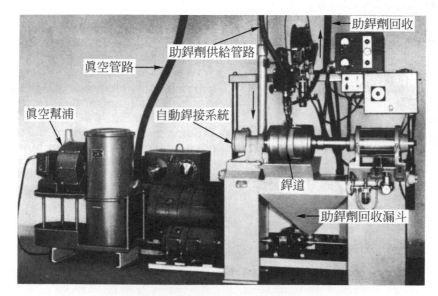

圖 3.15　潛弧銲接機之外觀

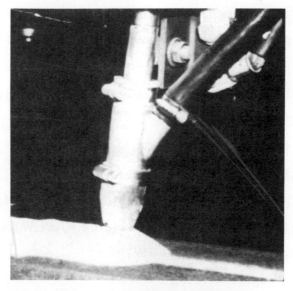

圖 3.16　潛弧銲接機之施銲情形

3-7 電阻式銲接法之原理及應用

3-7-1 基本原理

電阻銲(resistance welding)之基本原理是利用電流通過變壓器，經其降壓至2～10伏特，電流經電極送至二金屬母材密合面處，當電極接觸時，通過 2000 安培到 20000 安培高的電流，因電阻產生熱，使母材密合面處達半熔化狀態，再利用移動電極施以適當之壓力，使工件彼此接合在一起，電流所產生的熱量是依焦耳定理(Joule law)來計算，其公式為

$$H = I^2RT$$

式中　　H：熱量，單位為瓦特秒　R：電阻，單位為歐姆

　　　　I：電流，單位為安培　　T：時間，單位為秒

由公式知熱量是與電阻及時間成正比，與電流的平方成正比，因此利用變壓器原理以得到較高的電流，如彩色圖 3.17 所示，初級線圈必須有許多線圈，而二次線圈可能僅有一圈或者二至三圈。

與其它銲接法比較起來，電阻銲不需要填料金屬與銲藥，且沒有電弧與煙塵是其特點。

電阻銲之種類主要可分為下列幾種銲法：

(1) 電阻點銲法(resistance spot welding，RSW)。

(2) 電阻浮凸銲法(resistance projection welding，RPW)。

(3) 電阻縫銲法(resistance seam welding，RSEW)。

(4) 閃光銲法(flash welding，FW)。

(5) 端壓銲法(upset welding，UW)。

(6) 衝擊銲法(percussion welding，PEW)。

這些方法雖然裝置不盡相同，也應用在不同的場合，然其原理都是一樣的，以下僅就常用的幾種說明之。

3-7-2　電阻點銲法

電阻點銲法(resistance spot welding)是電阻銲法中最普遍的一種銲接方式，應用在薄板金屬接合，可替代鉚接、氣銲及其他銲接方式，其原理及設備如彩色圖 3.17 所示。

電阻點銲法之操作程序包含下列三個步驟：

(1)　電極將銲件夾持固定，在電流尚未通過之前施以壓力。

(2)　通以熔接電流產生電阻熱，使點銲處成半熔化狀態。

(3)　保持時間，此時電流已經切斷，而施以鍛接壓力直至銲件熔合處冷卻為止。

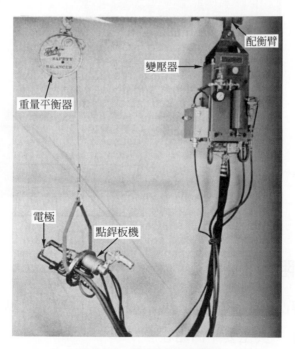

圖 3.18　槍式電子點銲機

電阻點銲機依電極數目可分爲單點式(single spot)及多點式(multiple spot)兩種,依電極移動之方式可分爲搖臂式(rocker-arm)、壓式(press type)、可移動式(portable)三種,後者又稱之爲槍式電阻點銲機。

圖3.18爲槍式電子點銲機,這種點銲機一般應用於汽車板金之點銲最多;且可與機器人整合進行自動化點銲作業。

圖3.19爲結合多點式點銲及浮凸電阻點銲之銲接機。

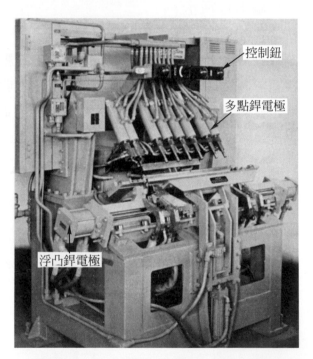

控制鈕

多點銲電極

浮凸銲電極

圖 3.19　結合多點式點銲與浮凸銲之銲機

3-7-3　電阻浮凸銲法

電阻浮銲凸銲法(RPW)之原理與設備和傳統電阻點銲法相同,如彩色圖3.20所示,其主要不同點在於:

(1) 電阻浮凸銲的電極都採用平頭電極，而且直徑比點銲電極大。

(2) 電阻浮凸銲在銲前先用沖床或壓床將工件沖壓成有凸起之部份，再放在銲機上利用電阻熱銲接。

這些凸點直徑約等於材料厚度，凸出部份約為材料厚度的 60 ％，凸點形狀有圓形、方形、長方形、三角形、橢圓形或其它形狀，銲件凸點必須同高，使其儘可能均勻銲接於接觸面上。

浮凸銲接法能縮短銲接時間，因此銲件受熱較少、電極壽命長，且對於銲接區域的收縮與變形之困擾也減少許多，這是電阻浮凸銲在許多製造過程中被採用的主因。

3-7-4　電阻縫銲法

電阻縫銲法(RSEW)之原理與電阻點銲相同，只是將點銲之電極棒改為滾輪，如圖 3.21 所示。銲件由滾輪推動，並將電流經滾輪傳導至銲件之接縫處產生電阻銲接。銲接進行中，滾輪需保持運動，僅用放電控制器控制其通電之時間，使銲縫形成一點一點的銲接點，若銲縫為連續者，稱為連續銲縫，如圖 3.22(a)所示；反之，則稱為間斷銲縫，如圖 3.22(b)所示；利用斷續通電，可避免銲件過熱甚至熔破之疵，銲接時滾輪電極外周另加水冷卻電極，以防止過熱。

縫銲法應用於大規模薄板金屬製品的生產工廠中，例如水箱、汽油桶、有縫管子、金屬容器等，此種銲法製作的優點，包括設計優美、節省材料、接頭緊密和成本低廉等。

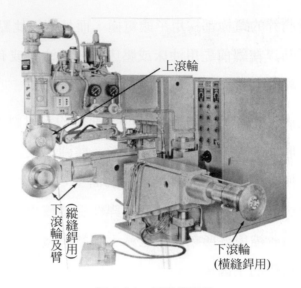

上滾輪

下滾輪及臂（縱縫銲用）

下滾輪
(橫縫銲用)

圖 3.21　電阻縫銲機

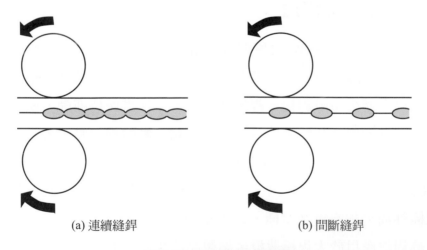

(a) 連續縫銲

(b) 間斷縫銲

圖 3.22　連續與間斷縫銲

3-7-5　閃光銲接法與端壓銲接法

　　閃光銲接法(FW)之原理如圖 3.23 所示，是將銲件分別以夾頭夾住，夾頭傳導電流至銲件欲接合之兩端，留有細小之空隙。當通以大電流時，產生電弧形成高溫，並將金屬端面熔融成為塑性狀，電流隨即切斷，同時加以壓力，促使銲件兩端密切接合成一體。由於施銲時會產生電弧閃光，故稱之為閃光銲接。

銲件通常以銅合金夾頭夾持，夾頭部份有冷卻水循環，帶走銲接區域的熱量，如圖 3.24 所示，黑色管子即為冷卻水管。

閃光銲接使用於條、桿、管等作對頭銲接，除鑄鐵、鉛、錫、鋅合金外之鐵金屬或非鐵金屬皆可適用。

端壓銲接法與閃光銲接法之施銲程序略有不同，端壓銲接銲件兩端相接觸並加以壓力。通以電流時，接觸面產生高溫使銲件端面熔融而接合，這就是兩者銲法不同的地方。

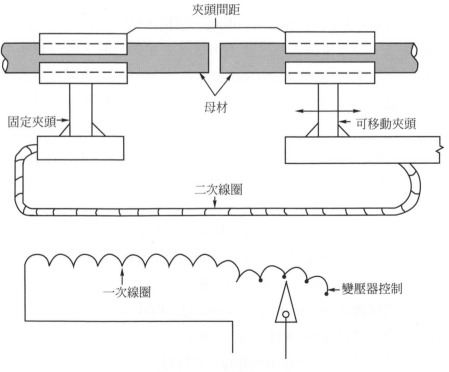

圖 3.23　閃光銲接之原理

圖 3.24   閃光銲接之情形

3-8   固態銲接法

固態銲接法(solid state welding，簡稱 SSW)在銲接的過程當中不會用到電弧、能量束或火焰，也不用電阻去加熱金屬，這類銲接中金屬狀態可以是冷的(cold)、溫的(warm)或熱的(hot)，但是溫度並沒有超過金屬的熔點，若需加熱只達到兩銲件能連接在一起的程度，且不需要填充料。

根據 AWS 的分類，固態銲接可分為下列幾種：

(1)   摩擦銲法(friction welding，FRW)。

(2)   爆炸銲法(explosion welding，EXW)。

(3)   超音波銲法(ultrasonic welding，USW)。

(4)   高週波銲法(high frequency welding，HFW)。

(5)   鍛壓銲接(forge welding，FOW)。

(6)   氣體壓銲法(pressure gas welding，PGW)。

(7)   冷壓銲銲法(cold welding，CW)。

(8)   擴散銲法(diffusion welding，DFW)。

(9)   輥銲法(roll welding，ROW)。

以下僅就幾種較常用的銲法作簡要的介紹。

3-8-1　摩擦銲法

摩擦銲法之原理如彩色圖 3.25 所示，是利用摩擦生熱的原理，使接合面達到膠熱狀態時(注意並未達到熔點)，立刻施予適當壓力，以形成一塑性的擠壓接合。

摩擦銲法之工件必須為圓形，適用於碳鋼、工具鋼、合金鋼、鋁等之管子或軸棒銲接。

3-8-2　爆炸銲接

爆炸銲接(explosion welding，簡稱 EXW)之原理如彩色圖 3.26 所示，將欲銲的銲件以一定的角度設置好，其上放置緩衝板及炸藥，引爆炸藥後，二銲件接合面產生塑性變形而形成波紋狀而結合，此種銲法主要用於大面積板件的重疊或覆面。

施銲時，因炸藥使用甚為危險，故須由專家操作之，而銲接場所亦需特別設計，或在水室中進行銲接。

圖 3.27 為爆炸銲接接合面之金相顯微組織。

圖 3.27　不銹鋼(上)與碳鋼爆炸銲接之界面

圖 3.28   超音波銲接法

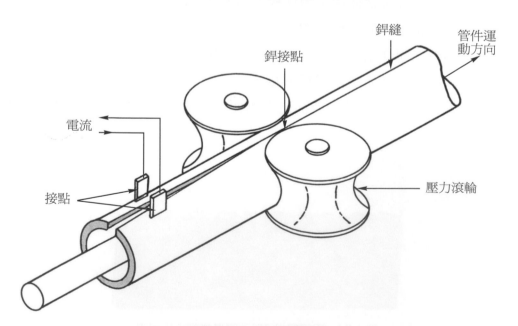

圖 3.29   高週波銲接法

圖 3.30　冷壓銲接法

3-8-3　其它固態銲接

其它種類之固態銲接法之原理與前述大同小異，在此不作詳細介紹；圖 3.28 所示為超音波銲法之施銲情形，圖 3.29 為高週波銲法之施銲情形，圖 3.30 為冷壓銲法之施銲情形。

3-9　其它特殊銲接法

本節將針對第一章銲接法分類中之其他銲接法(包括電子束銲接、雷射銲接、電熱熔渣銲接、鋁熱料銲接)、電漿銲接法(屬於電弧銲之一種)、噴銲及軟硬銲等作簡要之介紹，而氣銲法將於下節再作說明。

3-9-1　電漿電弧銲接法

天空發生閃電時，即產生電漿(plasma)，閃電是雲與雲間或雲與地球間的一種放電，空氣進入閃電的行徑中，成為熱傳導性甚高的電漿；換言之，電漿即是由氣體分子，在一高溫電弧中所形成的一種離子態。

電漿電弧銲接(plasma arc welding，簡稱PAW)乃是利用上述原理，將氣體導引流經銲鎗內正負兩極間之直流電弧，氣體分子受電弧的高溫而分裂成帶電的熱離子，隨同電弧經鎗嘴噴出，噴出之電漿與冷的銲接工件接觸時，氣體離子再度結合為氣體分子，放出大量的熱，產生高溫而將工件熔化銲接。除了用於銲接外，電漿熱源還可以應用於切割、噴銲(thermal spray)等。

電漿電弧銲法之原理與設備如圖 3.31 所示，其方法很類似惰氣鎢極電弧銲(GTAW)也可以說是電漿電弧銲接前身，兩者同樣以鎢棒為電極及直流電為電源，而且均在大氣中以惰氣屏蔽來施銲；兩者間差異在於銲鎗之結構，如圖 3.32 所示。GTAW 之鎢極突出噴嘴，而 PAW 之鎢極在噴嘴內，GTAW 之噴嘴為直筒形，PAW 則使用一縮口形噴嘴且使用兩道給氣系統，一為供給產生電漿之用，一為屏蔽之用，經由縮口噴嘴之電漿氣束(plasma beam)，熱量集中，可得到較深的滲透及較高的熔化率與銲接速度，銲道之熱影響區亦小。

電漿電弧銲槍，可分為轉移(transferred)與非轉移(nontransferred)兩種，其基本結構如圖 3.33 所示，茲分述如下：

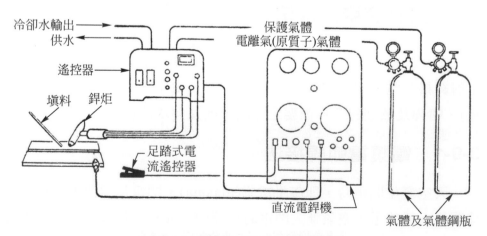

圖 3.31 電離氣銲法之原理與設備

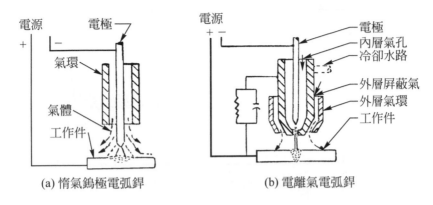

(a) 惰氣鎢極電弧銲　　(b) 電離氣電弧銲

圖 3.32　電離氣電弧銲法與惰氣鎢極電弧銲法之比較

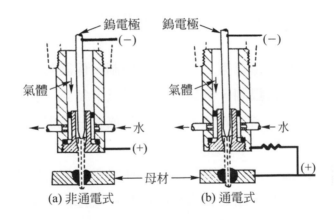

(a) 非通電式　　(b) 通電式

圖 3.33　兩種電漿銲鎗的基本結構

1. 轉移式

　　其電流與氣流經過銲鎗，產生電弧成為電漿噴射於工件上，因工件亦與電極，構成電流通路，因此轉移式的熱效率非常高，通常用於銲接或切割。

2. 非轉移式

　　其電流與氣流在銲鎗上發生電弧，產生電漿，然其電流不經過工件，亦即僅由電漿噴在工件上，因此其熱效應較低，通常用於噴銲的場合。

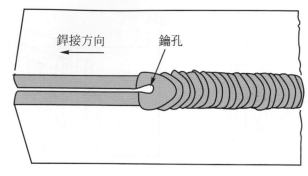

銲接方向　　　鑰孔

圖 3-34　電離氣電弧銲之鑰孔現象

　　一般電漿在產生電弧時分為兩個階段，首先產生前導電弧(pilot arc)，再利用此前導電弧產生起弧鎢棒和正極間的主電弧，以供給充份熱量。

　　此銲法之優點為電漿束之方向可予控制，保護氣體之效果優良，且供電離之氣體無任何限制，例如空氣、氬氣、氦氣、氫氣和氮氣等都可使用，亦可使用混合氣，如氬－氫混合氣或氮－氫混合氣，其氫氣之含量約為 10 ％～35 ％。

　　電漿電弧銲法之另一特點是，由於柱狀電離氣的噴射力量，在熔化的金屬上形成一深孔，謂之鑰孔(keyhole)，如圖 3.34 所示；當銲接進行時，鑰孔在前引導熔化母材金屬，由於表面張力，使金屬熔液隨即注滿鑰孔而完成銲接，利用這種方法可獲得非常好的熔透。

3-9-2　雷射束銲接法

　　雷射(laser)是由 Light Amplificatiren by Stimulated Emisson of Radiation 的原文中每一個字的第一個字母組合而成，意即「輻射激發擴光器」；雷射銲法是把普通的光加以聚焦，形成一道狹窄而凝聚的光束；在普通的光線中，原子放出長度不一的射線，它們彼此之間互相干擾，降低光的強度，由發散而消失，雷射光則不然。

　　彩色圖 3.35 為雷射束銲法(laser beam welding，簡稱LBW)的原理與設備說明，其原理是將易發生雷射的物質用閃光管照射後，即反應放出一束有條理的單色光，再經聚焦鏡的作用即成為一束熱能極高的光線，將工件置於光束之焦點上即可進行銲接。

　　易發生雷射的物質甚多，固體有鉻、鈾、紅寶石等，另外惰性氣體也是極佳的雷射物質，現在較常用的是紅寶石雷射及CO_2雷射。

　　雷射束銲接具有以下的優點：

(1)　電射銲接是利用雷射束，不會有潑濺的情形。

(2)　能銲接兩種物理特性相差很大的金屬。

(3)　雷射束可以投射到相當遠的距離，同時能量也不會因距離較遠而有所損失。

(4)　銲件熱影響區小，不會破壞材料的機械性質。

(5)　銲件吸熱少，變形產生小。

(6)　可精確定位，銲接自動化容易。

　　雷射束銲接雖然有許多優點，然其仍有以下之限制：

(1)　銲件需要良好的密合，銲前加工非常重要。

(2)　工件的最大厚度受到限制，因為雷射光的能量很高。若工件的熱傳導度不大，則過多的能量會使工件表面蒸發，同時形成銲接的缺陷。

(3)　設備的成本費高。

　　圖 3.36 為雷射銲接件銲道之顯微組織，比起一般電弧銲，其銲道要狹窄許多。

　　目前雷射銲接法大部份應用於太空、國防和電子工業等；施銲時雷射光束雖然無傷害性，但操作人員必須配戴保護眼睛過濾雷射光線特製的護目鏡，同時在任何情況下，不可將身體的任何部份接觸施銲所放射出來的雷射高熱光束。

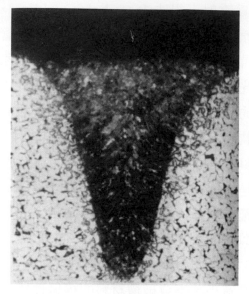

圖 3.36　雷射銲接法狹窄的銲道

3-9-3　電子束銲接法

　　電子束銲接(electron beam welding，簡稱EBW)是利用高電壓在眞空把電子加速，形成一束高速度的電子流，謂之電子束，此電子束碰到欲施銲的工件，將電子的動能轉換爲熱能，使銲件熔化而銲接。

　　電子束銲接之原理與設備如圖 3.37 所示，電子束是在眞空的環境中由一支電子槍發出，電子槍通常是由一個鎢或鉭的陰極，一個柵極(grid)或是排極(forming electrode)，再加上一個陽極所組成的；陰極被加熱至 4500°F甚至更高溫度後射出電子，這些電子被陰極、柵極和陽極之間的電場加速至高速，並形成一道電子束，而後通過電磁聚焦線圈(electromagnetic focusing coil，或稱 "磁透鏡" magnetic lens)，藉其作用瞄準、聚焦。聚焦線圈下又有電磁偏向線圈(magnetic deflection coils)，電子束可由其控制偏離原垂直路徑；電子束經過電磁線圈聚焦成約 1/16"

直徑的高能量密度電子束直接打到工件上。當高速電子束打到工件上時，動能轉換成熱能，在工件上切割一小孔，移動工件時，在電子束下有熔融金屬充填於小孔中，這種現象稱為 "keyholing"。

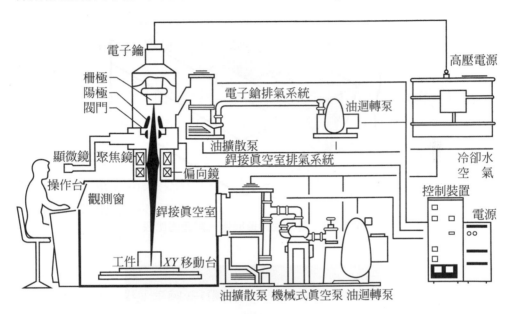

圖 3.37　電子束銲接之原理與設備

在銲接過程中，電子束首先在工件上打出孔，當電子束沿著工件接頭前進時，藉同時發生的三種作用而形成銲道。

(1)　孔前緣上的金屬汽化，而後在孔後緣冷凝成熔融金屬。

(2)　孔前緣的熔融金屬流向孔的周圍及後部。

(3)　當電子束前移時，不斷形成的熔融金屬填進孔內而後凝固。

電子束銲接最大的特點是深入貫穿(熔透特性)，它和傳統銲接的最大區別就是銲道很深，且表面破壞很小。圖 3.38 表示傳統銲接和電子束銲接切面的比較，圖 3.39 是電子束銲接銲道實際熔透的情形。從上述比較可知，傳統銲接的深寬比大約是 1：1，而電子束銲接的銲道深寬比可達 40：1，這種深入貫穿的現象並不是電子束從表面一直打到根部。一般銲接用的電子鎗產生的電子束其速度大約是光速的一半，而電子本身深入金屬表面的深度大約在$10^{-3} \sim 10^{-2}$cm之間(加速電壓約 50kV～120kV)。

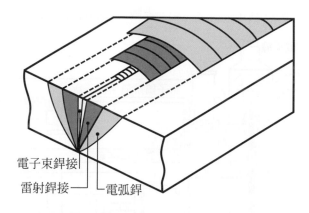

電子束銲接
雷射銲接 — └電弧銲

圖 3.38　電子束銲道與傳統銲道的比較

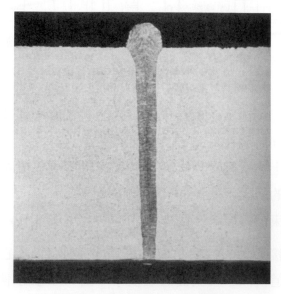

圖 3.39　電子束銲道之熔透情形

　　電子束滲透工件的簡單過程大致如下：高速的電子打到金屬表面，把動能轉換成熱能，此熱能使金屬表面熔化並產生金屬蒸氣，熔化的金屬上方聚集的金屬蒸氣球具有蒸氣壓，此蒸氣球像個壓力球使熔融的金屬凹陷逐漸形成空蝕洞(cavity)。熔融的金屬在空蝕洞周圍翻滾，有時在瞬間會把空蝕洞閉合起來，但是繼續供給的電子束能量所形成洞外形成的過程，亦即深入貫穿的過程，其銲接進行中之融化機構示意圖則如圖 3.41 所示。

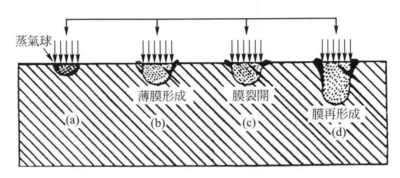

圖 3.40　電子束銲接過程中空蝕洞的形成

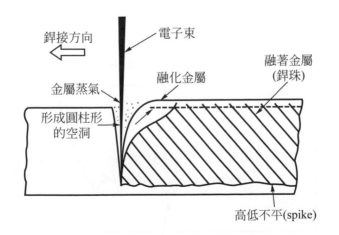

圖 3.41　電子束銲接之熔化機構

　　若電子束並未穿透工件，由於工件是有速度的在移動(與電子束方向垂直)，所以在銲接的根部，一面由於熔融金屬所造成空蝕洞的翻滾，另一方面再加上工件的移動，使得在根部造成振盪的現象，如圖 3.42 所示；這種根部振盪的現象對母材的影響與金屬熱性質(thermal property)有密切的關係。圖 3.43 為電子束銲接缺陷(welding defect)，其發生原因為銲接時根部振盪與金屬熱性質交互影響結果。

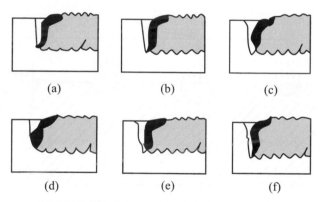

(a) (b) (c)

(d) (e) (f)

圖 3.42　空蝕洞在銲接過程中振盪的情形(304 Stainless Steel)

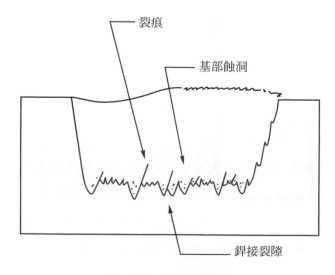

裂痕

基部蝕洞

銲接裂隙

圖 3.43　EB 銲接缺陷

　　另外，非常重要的一點即電子束銲接具有的能量密度(power density)相當高，表 3.1 所示即爲各種熱源能量密度比較表。由表中可知其能量密度在$10^4 \sim 10^7 \text{W/cm}^2$，而且輸入能量(連續最大出功)比雷射束還高出10 倍以上，使得其應用範圍更加廣泛。

　　由於能量密度高的特性，使得電子束銲接也是一種低能量的過程(low energy process)，對既定厚度的材料而言，其所需的熱量仍小於電弧銲。

表 3.1　各種銲接能量密度的比較

熱　源	能量密度 (W/cm²)	連續最大出功 (kW)	熱源徑 (cm)
電　弧	10^4左右	30	0.2～2
電　漿	$10^4 \sim 10^5$	100	0.5～2
電子束	$10^4 \sim 10^7$	120	0.03～1
雷　射	$10^4 \sim 10^6$	15	0.01～1

　　電子束銲接具有以下之優點：
(1)　高能量密度、熱量集中、銲道寬度窄小而滲透深。
(2)　不需填加銲條，使母材本身熔化後即爲結合。
(3)　不氧化、不氮化，因此不引起強度或耐腐蝕性的降低，適合於 Ti 和 Zr 等的銲接。
(4)　適合於高融點金屬，如 Ta、W、Mo 等。
(5)　熱傳導率良好材料，如 Al、Mg 等，不需預熱即可局部銲接。
(6)　與銲接寬度相比，可得 10～20 倍的熔化深度。
(7)　熱影響區(HAZ)寬度狹窄。
(8)　銲接殘留應力少。
(9)　可以省略銲接後熱處理，或者採用低溫的後熱處理即可。

⑽　變形少，因此工件可以在銲前精加工後再施予精密銲接，不需做
　　銲後加工。

⑾　調整輸出，即可銲接自薄板至厚板(0.05mm～50mm)。

⑿　可接合銲接性不良的材料。

⒀　不同金屬間也可以銲接，例如不銹鋼和銅之間。

⒁　可以施行複雜形狀，或者深部的銲接。

⒂　可以簡化銲接對頭形狀，也可以形成新的對頭構造。

⒃　利用電磁偏向線圈的振動，可以改進銲接品質。

　　電子束銲接雖然有以上諸多優點，但其仍然受以下各項的限制：

⑴　設備費高昂。

⑵　通用機種的生產性低。專用機種無法處理各種工作。

⑶　可銲範圍受限於工件的大小、形狀、銲接位置等。

⑷　銲接裝置的運作、保養整理等需要加以充分的配備。

⑸　需要注意銲線的定位。偏位不可超過銲寬的十分之一。

⑹　銲接開槽精度需要高。工件配合部的空隙、不整合要減小。

⑺　對輸入熱量而言，除電流、電壓、銲接速度之外，焦聚也成為因
　　素之一。

⑻　銲接接頭必須加以完全的脫脂清洗。

⑼　銲接室以及夾具等需要加以防銹處理。若有污染，抽真空即需花
　　時間。

⑽　銲接在完全隔離控制下進行，速度快，銲接中無法加以修正。

⑾　需要留意高電壓作業及電子束燈絲的防止污染。

⑿　銲條對銲接部的供應有困難。

⒀　若有磁場，電子束即被偏向。因此工件需要預先加以消磁。

⒁　因材料特性關係在銲道可能產生獨特的缺陷。

⒂　電子束銲接的缺陷，修補有困難。

⒃ 電子束銲接必須配以工程建立試驗、重視性確認試驗和抽樣破壞試驗等。

⒄ 針孔和介在物可利用 X 光檢查。融合不良、龜裂和融化不良等缺陷，則以超音波探傷來檢查。

⒅ 真空中容易蒸發的材料，例如 Zn、Cd 等，不適合該銲接。

⒆ 銲接部的 Mn，趨向減少。

⒇ 含有多量氣體材料，例如 Al 合金鑄件，容易產生氣孔，電子束也不穩定。

電子束銲接機依其真空度的狀況約可分為：

⑴ 全真空形，真空度在10^{-4}托(torr)以上。

⑵ 中真空形，真空度在10^{-2}托以上。

⑶ 真空外形，其電子鎗仍在真空室內，而銲件則在大氣中施銲，如彩色圖 3.44 所示。

圖 3.45　全真空形電子束銲接機

眞空形的電子束銲接機在施銲時要透過光學觀測系統觀看施銲的情形;全眞空形一般用於銲接活性大的金屬,中眞空形則用來銲接鋼鐵材料,眞空外形則應用在無法放入眞空室之零件,其銲接品質較差,正在開發改進中。圖 3.45 所示爲全眞空形電子束接機外貌,彩色圖 3.46 所示爲利用電子束銲接的實例。

3-9-4 鋁熱料銲接

鋁熱料銲接(thermit welding,簡稱 TW)之裝置如圖 3.47 所示,其原理係以熱料(通常鋁粉)與金屬氧化物(通常爲鐵)混合後,用鎂粉或含氧化鋇之發火粉點燃加熱到 1093～1371℃時,鋁粉就會與金屬氧化物開始起化學反應,其反應式如下

$$8Al + 3FeO_4 \rightarrow 3Fe + 4Al_2O_3 + 熱$$

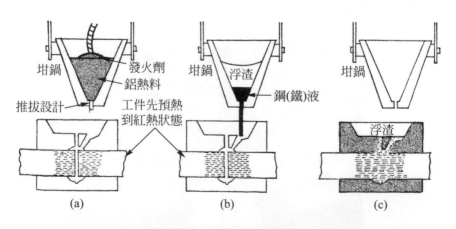

圖 3.47　鋁熱銲接之裝置

上式反應可產生大量熱能,反應後之溫度可高達 3593℃,但因坩鍋吸收與輻射損失於大氣中,所以溫度約 2500℃左右;反應後形成 Al_2O_3 浮渣懸浮於鐵液上方,將鐵熔液流至銲件接合處,呈熔融狀態,待凝固後接

合為一體；模子之設計需留有通氣孔及冒口，以使熔液凝固時氣體能釋出，以避免爆炸或生成氣孔。

　　鋁熱料銲接大都用在銲接或修理大軸、齒輪齒、鐵路鐵軌等，因此銲件有時須予預熱，因此模子須留有預熱澆口。

3-9-5　電熱熔渣銲接及電熱氣銲接

　　電熱熔渣銲接(electroslag welding，簡稱EW)及電熱氣銲接(electrogas welding，簡稱EGW)之原理與設備分別如彩色圖 3.48 及圖 3.49 所示，其原理大致相同，常用在較厚的金屬件，經過一道銲接後，就可完成銲接工件；施銲時先將塗料經漏斗加滿於銲道處(若是EGW則用氣體充滿於銲道上)以阻止空氣與銲道接觸，起銲後，可消耗式銲條與銲道上的母材接觸產生電阻熱而熔化，與母材熔融在一起，銲條繼續填充熔化，金屬熔液繼續升高；當底部之熔融金屬凝固，銅擋扳繼續向上移動而完成銲接。

　　此兩種銲法可單銲條填充，也可多銲條填充，它具有以下的優點：
(1)　金屬堆積率高，可一次完成厚材料之銲接。
(2)　接合面之加工要求低，從切割面至銑製面均可。
(3)　為自動化銲接，技術操作容易。
(4)　水平方向及垂直方向之變形均小。
(5)　銲接缺陷少，銲接品質高。

　　此類銲法亦有以下之限制：
(1)　只適合於立銲，其它位置之銲法無法使用。
(2)　銲道要一次銲完，中途停機再起動施工困難。
(3)　某些材料利用此類銲法品質不佳，如鋁合金、不銹鋼等。

　　圖 3.50 是利用電熱熔渣銲接之情形。

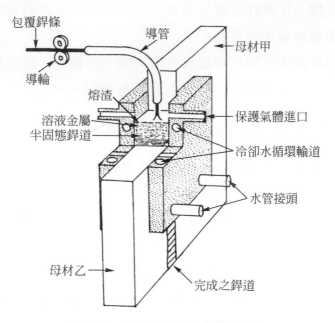

包覆銲條
導輪
導管
母材甲
熔渣
溶液金屬
半固態銲道
保護氣體進口
冷卻水循環輸道
水管接頭
母材乙
完成之銲道

圖 3.49　電熱氣銲接之原理與設備

圖 3.50　電熱熔渣銲接之情形

3-9-6　噴　銲

　　噴銲(thermal spray)或稱熔射，目前國內並無統一名稱。基本噴銲原理，如圖3.51所示，乃利用各種不同的熱源，將欲噴塗的各種材料如金屬、合金、瓷金(cermet)、陶瓷、塑膠材料及其各類複合材料加熱至熔化或半熔融狀態，藉助高壓氣流高速霧化形成"微粒霧流"沉積在已經預處理的工件表面形成堆層狀，且與母材緊密結合的塗層。噴銲顆粒撞擊母材時由變形到凝固時間非常短，約10^{-5}～10^{-7}秒。撞擊到母材表面的第一批顆粒，可認為相互獨立，撞擊時顆粒發生變形，在母材表面形成平薄圓片，後續顆粒再不斷撞到先前顆粒變形圓片上，堆積形成塗層。當熔融或半熔融狀態顆粒撞擊母材時，衝擊動能使粒子在撞擊變形時，升高粒子溫度，提高粒子在母材表面的變形程度。但粒子的表面張力、速度母材表面形態和溫度等因素，將影響粒子在母材的鋪展程度和鏈結強度。依熱源不同，可區分別電弧噴銲(arc spray)、電漿噴銲(plasma spray)、火焰噴銲(flame spray)和高速火焰噴銲(HVOF)，其噴銲溫度和其結構特性如圖3.52所示。圖中顯示對熔點高的噴銲材料如陶瓷及難熔金屬等，應使用電漿噴銲；欲得到高緻密度噴銲塗層可使用高速火焰熔射，使熔融材料飛行速度增加，而降低塗層孔隙率和提高塗層與母材鍵結強度。

　　一般噴銲施工步驟包括：

母材表面預處理

↓

噴銲施工

↓

銲後處理

　　表面預處理：包含清潔和粗化。因銲前表面狀態將直接影響塗層鍵結強度。一般表面清潔可使用機械式或溶劑清洗；粗化步驟可使用噴砂處理或機械加工等。

　　銲後處理。一般噴銲塗層結構都存在一定比例的氣孔。這種塗層特性在應用於絕熱和自潤(儲存潤滑油)具正面效用外，其他如在抗磨耗和腐蝕環境下均不利。故對塗層進行重熔或封孔處理，可提高其耐磨耗和腐蝕特性。其中重熔僅可使用於金屬或合金塗層。

　　噴銲常用在耐磨耗、絕熱或耐腐蝕元件的塗層及再生處理，如滾輪(圖 3.53)、渦輪、人工關節(圖 3.54)、軸和軸承等，其噴銲材料或方法可依零件之需要選用。

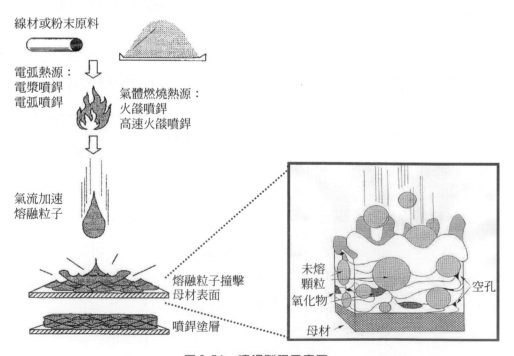

圖 3.51　噴銲製程示意圖

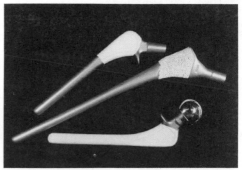

圖 3.54　電漿噴銲應用於人工關節之生物相容性塗層(工研院材料所提供)

3-9-7　軟銲與硬銲

　　軟銲(soldering)與硬銲(brazing)是指將第三種材料加熱變成液體狀態，引入欲連接二塊金屬(材質相同或不相同)之接合處，藉著毛細管作用，使三者連為一體之方法，如彩色圖 3.55 所示，此時母材並沒有達到熔化的溫度。軟銲與硬銲以其加熱溫度而區分之，溫度在 $800°F(427°C)$ 以下者，稱之為軟銲，溫度在 $800°F(427°C)$ 以上者，稱之為硬銲。

　　軟銲與硬銲根據提供熱源之不同約可分為以下幾類：

1. 軟銲法(soldering，俗稱錫銲)

　　(1)　燒銲器軟銲法(torch soldering，TS)。

　　(2)　電阻軟銲法(resistance soldering，RS)。

　　(3)　爐式軟銲法(furnace soldering，FS)。

　　(4)　感應軟銲法(induction soldering，IS)。

　　(5)　浸式軟銲法(dip soldering，DS)。

2. 硬銲法(brazing，俗稱銅銲或銀銲)

　　(1)　燒銲器硬銲法(torch brazing，TB)。

(2)　電阻硬銲法(resistance brazing，RB)。

(3)　爐式硬銲法(furnace brazing，FB)。

(4)　感應硬銲法(induction brazing，IB)。

(5)　浸式硬銲法(dip brazing，DB)。

(6)　紅外線硬銲法(infrared brazing，IB)。

圖 3.56　電阻軟銲之情形　　　　　　圖 3.57　硬銲銲道之顯微組織

　　硬銲一般以含銅或含銀銲條為填充金屬，又稱之為「銅銲」或「銀銲」，其銲接強度較軟銲為高，一般用在管路及碳化物刀具之銲接。

　　軟硬銲時要特別注意銲件接合處的清潔，以提高銲接之品質；而且在銲接時因須使用銲劑(flux)，銲劑熔化後形成揮發氣體含有毒性，應避免吸入體內，於銲接完成後更應注意身體的清潔，以確保銲接工作的安全。

　　圖 3.56 所示為電阻軟銲之情形，圖 3.57 所示為利用硬銲法銲接不銹鋼與銅之銲道金相顯微組織，填充料含 45 ％ Si、15 ％ Cu、16 ％ Zn、24 ％ Cd。

3-10　氣銲法之原理及設備

3-10-1　概說

　　氣銲法(gas welding)是利用燃料氣體與助燃氣體(氧或空氣)以適當比例混合後，經燒銲器點火燃燒，放出大量熱量，藉以熔融金屬，使其結合在一起之方法，因燃氣及助燃氣均為氣體，故稱之為「氣銲」。

　　氣銲依使用燃燒氣及助燃氣之不同可分為下列幾種：

(1)　氧乙炔氣銲法(燃燒溫度 3260℃)。

(2)　氫氧氣銲法(燃燒溫度 2420℃)。

(3)　空氣乙炔氣銲法。

(4)　氧燃料氣銲法。

　　氧氣銲法所採用之燃氣有煤氣、苯、乙烯和液化石油氣等，其火焰之溫度依採用之燃料而異，此類銲法與氫氧氣銲法和空氣乙炔氣銲法所產生之溫度比較，皆較氧乙炔氣銲法為低，所以有些部份已被淘汰；目前僅常用氫氧氣銲法於鉛之熔銲，而空氣乙炔氣銲法則用於鉛管工程、軟硬銲及銅管之特殊接頭等，目前大部份之氣銲工作均採用氧乙炔氣銲法，以下僅就此銲法作一介紹，其它之氣銲法之原理則與氧乙炔氣銲法相似，如彩色圖 3.58 所示。

3-10-2　氧乙炔氣銲法之原理與設備

　　氧乙炔氣銲法，係利用氧與乙炔混合燃燒，放出大量熱量，加熱接合處的金屬使其達到熔點後，加進熔填銲條(filler rod)或不加熔填銲條，使熔融金屬結合在一起，待其凝固而結合銲件之操作。

　　氣銲之設備如彩色圖 3.58 及圖 3.59 所示，包括下列主要部份：

(1) 氣體供應部份，包括氧氣及乙炔氣鋼瓶。

(2) 氣體調整器部份，包括氧氣及乙炔的氣調整器和橡皮管。

(3) 銲炬部份。

(4) 安全防護部份，包括護目鏡、手套、袖套、護裙等。

(5) 其他、點火器、開關扳手、火嘴通針等。

氧乙炔氣銲法發展之初，都是以雷石(碳化鈣)投入水中(乙炔產生器)而獲得；如今，乙炔氣或氧氣都由製造廠商整瓶出售供應。

氧乙炔氣銲法乃利用乙炔氣與氧燃燒所產生的熱來銲接，其完全燃燒(中性焰時)之化學反應方程式如下

$$2C_2H_2 + 5O_2 \rightarrow 4CO_2 + 2H_2O$$

氧乙炔氣銲之火焰依氧與乙炔供應之比例不同，而會產生不同的火焰，一般分為乙炔在空氣中燃燒、碳化焰、中性焰、氧化焰等四種，如彩色圖 3.60 所示，現分述如下：

(1) 乙炔在空氣中燃燒：如圖(a)所示，當只開乙炔氣而不開氧氣時，會看到這種火焰，且會冒出黑煙，無法用於銲接。

(2) 還原焰：若打開氧氣開關，讓少許氧氣加入燃燒，直到白色的內焰心在火嘴的末端出現，乙炔羽狀焰包圍著它，這種焰謂之還原焰。大都應用於軟銲、銲接高碳鋼及非鐵金屬等。

(3) 中性焰：調節火焰直至氧、乙炔氣供應剛好平衡，沒有多餘的氧氣或乙炔氣存在，如圖(c)所示之火焰，謂之中性焰，一般使用於輕金屬之硬銲及軟鋼、鉻鋼、鎳鉻鋼等之銲接。

(4) 氧化焰：若再放大氧氣流量，使火焰之白色內焰心變短，且顏色變為藍白色，如圖(d)所示，謂之氧化焰。一般用在較高溫之硬銲、銲接黃銅及火焰切割等。

圖 3.59　氧乙炔之銲接設備

3-11　切割與熔斷

3-11-1　概說

切割(cutting)剛好與銲接相反，是利用熱將金屬熔斷分開的操作，本節所指之切割並不包括利用機械刀具加工所做之切割。

根據美國銲接學會標準，切割分為以下幾類：

1.　氣體切割(gas cutting)

　(1)　氧氣燃氣切割(oxy fuel gas cutting，OFC)。

(2)　氧氣沖式切割(oxy lance cutting，OLC)。

(3)　化學劑切割(chemical flux cutting，CFC)。

(4)　金屬粉末切割(metal powder cutting，MPC)。

(5)　氧氣電弧切割(oxy arc cutting，OAC)。

2.　電弧切割(arc cutting)

(1)　空氣碳極電弧切割(air carbon arc cutting，AAC)。

(2)　碳極電弧切割(carbon arc cutting，CAC)。

(3)　氣體鎢極電弧切割(gas tungsten arc cutting，GTAC)。

(4)　金屬電弧切割(metal arc cutting，MAC)。

(5)　電漿電弧切割(plasma arc cutting，PAC)。

3.　特殊切割法

(1)　雷射束切割(laser beam cutting，LBC)。

(2)　電子束切割(electron beam cutting，EBC)。

切割在機械製造業、造船業或其它工業都很重要，切割時可用手工操作，亦可用機械自動切割，其特點為切割迅速且精確；在某些須更精密尺寸控制的零件切割，可運用電離氣切割或雷射切割來完成；切割更可運用到銲接接頭的開槽。

3-11-2　氣體切割

我們常可發現，置於大氣中的鐵構件，經過一段時間便會生鏽，生鏽是鐵與大氣中的氧起化學反應的結果，不過反應相當緩慢，如果將鐵金屬加熱後冷卻，我們會發現鐵表面形成一層較厚的鏽層，這表示鐵於高溫中較易氧化。

氣體切割即是運用這種原理，將母材欲切割處加熱並輸予高壓氧氣(或空氣)，使母材與氧氣在高溫中起化學反應而除去金屬，造成切斷的作用。

　　氧氣燃料切割法之原理及設備與氧氣燃料銲接相同，只是銲炬換成切割炬而已，一般使用乙炔氣，謂之氧氣乙炔氣切割，是目前使用最多的切割方法；當其加熱鐵皮時，氣體與鐵間之反應式如下：

$$2Fe + O_2 \rightarrow 2FeO + 128.4 \text{ 卡}$$

$$3Fe + 2O_2 \rightarrow Fe_3O_4 + 265.7 \text{ 卡}$$

　　此作用係一放熱化學反應，切割炬放出之高壓氧氣將Fe_3O_4吹去，而完成切割的工作。

　　此種化學作用依理論，1 公斤的鐵需要 0.268 公升的氧氣，但是實際上氧氣並沒有用得那麼多；當我們分析切下之熔渣時，熔渣內常含有30％左右之純鐵，可見有部份之鐵熔液在尚未被氧化時已被高壓氧氣吹走。

　　彩色圖 3.61 是氧乙炔切割器之構造，圖 3.62 是利用氧乙炔切割之情形，它可用來切割不規則的形狀，可用電腦控制幾何圖形與動作，並可一次按裝兩支以上之切割炬，以加速切割的速度；切割火嘴依不同目的有不同形式的設計，如圖 3.63 所示。

圖 3.62　氧乙炔之切割情形

圖 3.63 不同型式之切割火嘴

氧氣沖式切割法之原理與氧氣乙炔切割法相同，只是多了一根細長的管子(直徑一般約 3.18～6.35mm)，通入較高壓力的氧氣，以便切割更高厚度的材料。

化學劑切割法是在氧乙炔火焰中加入一些化學溶劑，使母材中一些耐高溫的氧化物起化學反應形成其他的化合物，以促進切割工作的進行。

金屬粉末切割法與化學劑切割法類似，常用來切割耐腐蝕材料，如不銹鋼、鎳鋼等；其方法是將金屬粉末(鐵粉或鐵鋁粉混合)輸入到氧氣乙炔氣火焰中預熱後，再送到純氧的氣流中，此時粉末會燃燒，使火焰的溫度增加，母材被氧化的速度也加快，所以母材不須先預熱，可直接進行切割，對耐氧化、耐腐蝕等材料之切割非常適合。

3-11-3 電弧切割法

如前所述，利用氣體火焰切割氧化熔點較高或耐腐蝕之材料時較為困難，如切割鑄鐵、不銹鋼等，因為氣體切割是利用金屬氧化的原理，因此切割這些金屬時，因氧化困難無法繼續產生燃燒作用，而阻礙切割，所以必須使用電弧切割。

電弧切割之原理是利用電極與切割母材間發生電弧而產生高溫，使母材欲切割處熔化成液體，藉著電弧壓力、重力作用或再施以氣體之壓力，使母材熔斷的切割方法，此種方法可用來作爲切斷或切除部份母材形成溝槽。

電弧切割法是利用電極產生電弧以供切割，依電極形式可分爲非消耗性電極、消耗性電極等兩種，其各包括以下之銲接法。

1. 非消耗電極電弧切割法

　(1)　碳極電弧切割(CAC)。

　(2)　空氣碳極電弧切割(AAC)。

　(3)　氣體鎢極電弧切割(GTAC)。

　(4)　電漿電弧切割(PAC)。

2. 消耗電極電弧切割法(即金屬電弧切割，MAC)

　(1)　塗料金屬電弧切割(電極爲手工電銲條形式，SMAC)。

　(2)　氣體金屬電弧切割(GMAC)。

這些電弧切割法之設備與銲接法使用之設備皆相同，只是操作上有差異；而對於金屬電弧切割，其所使用之切割銲條或填充料則與銲接銲條不同，它是利用特殊材料製成，其塗料具高絕緣性，含有碳精、石墨等特殊配方，熔化較爲緩慢，可促使電弧穩定不致斷弧，同時增加母材本體的壓力，以利切割之進行。

3-11-4　特殊切割法

除了上述所介紹的切割方法外，尚有利用雷射光及電子束來作切割，雷射束切割(LBC)與電子束切割(EBC)之原理與設備其銲接設備相同，一般皆用在較精密零件如模具材料、電子零件等之切割，圖3.64所示為利用雷射束切割之情形。

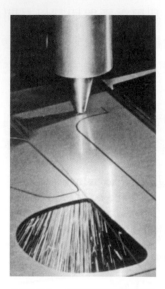

圖3.64　雷射束切割情形

習 題

1. 試述電弧銲接之原理？
2. 何謂定電流式銲接機與定電壓式銲接機？
3. 試說明銲接機之「電流延後」原理？
4. 繪圖說明電銲機之極性？
5. 試述惰氣鎢極電弧銲之原理與設備？
6. 試述惰氣金屬極電弧銲之原理與設備？
7. 試比較GTAW與GMAW之優缺點？
8. 何謂包藥銲線電弧銲？
9. 試說明潛弧銲之原理與設備？

10. 試說明潛弧銲之優缺點與應用？

11. 說明電阻式銲接法之原理？

12. 電阻式銲接法有那些？各應用在何種場合？

13. 試說明電阻縫銲之原理與操作？

14. 繪圖說明閃光銲接與端壓銲接之原理？

15. 何謂固態銲接法？其有那些不同的方法？

16. 試說明摩擦銲接法之原理與應用？

17. 試說明爆炸銲接法之原理與應用場合？

18. 說明電漿銲接法之原理與應用？

19. 試比較電漿銲接法與惰氣鎢極電弧銲接法？

20. 電漿銲鎗有那兩種不同設計形式，各用在什麼場合？

21. 說明雷射銲接法之原理與優缺點？

22. 說明電子束銲接之原理與設備？

23. 繪圖說明電子束銲接過程中，空蝕洞之形成與熔化機構？

24. 何謂 key holing？

25. 說明電子束銲接之優缺點？

26. 說明鋁熱料銲接之原理與應用？

27. 繪圖說明電熱熔渣銲接法，並說明其應用場合？

28. 電熱熔渣銲接法與電熱氣銲接法有何優缺點，兩者間有何差異？

29. 說明噴銲之原理與應用？

30. 噴銲法有那些種類，繪圖說明比較之？

31. 噴銲之施工程序為何？

32. 噴銲有那些優缺點？

33. 說明軟銲與硬銲之意義？

34. 可用那些加熱方法來進行軟硬銲？

35. 試述軟硬銲的應用場合？

36. 氣體銲接法之原理爲何？

37. 氣體銲接法之種類爲何？各用在什麼場合？

38. 進行氧乙炔氣銲時，需要那些裝備？

39. 氧乙炔火焰可分爲那幾種，各應用在什麼場合？

40. 試說明氣體切割之原理與種類？

41. 試說明電弧切割之原理與種類？

42. 什麼樣的工作適合用雷射束、電子束來切割？

43. 電弧切割所用之切割銲條與熔銲所用之銲條有何不同？

44. 當你在做車床工作，你所用的儀器設備會用到那些銲接方法？

45. 製作一輛汽車需要用到那些銲接方法？

46. 你使用一個用銲接完成之鐵容器，過幾天便產生裂縫，促使其破壞之原因爲何？

47. 一個用銲接完成之升降機支架使用於銲接處損壞，可能的原因是什麼？

48. 你認爲那些銲接方較具發展潛力？爲什麼？

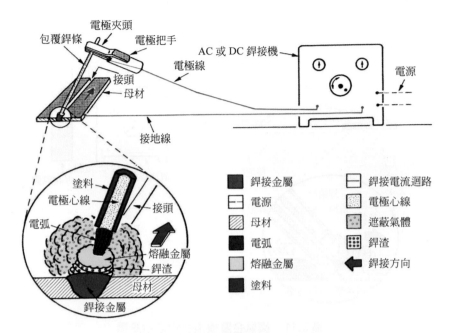

圖 3.6　遮蔽金屬電弧銲之示意圖

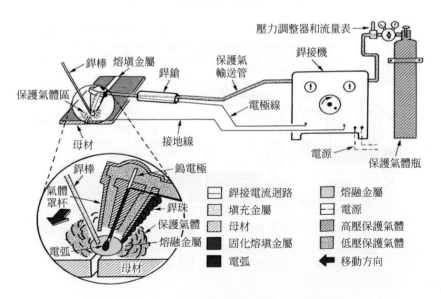

圖 3.9　惰氣鎢極電弧銲之示意圖

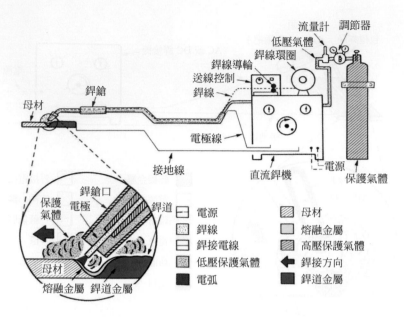

圖 3.11 惰氣金屬極電弧銲之示意圖

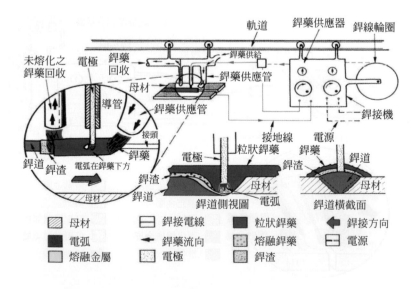

圖 3.14 潛弧銲接原理示意圖

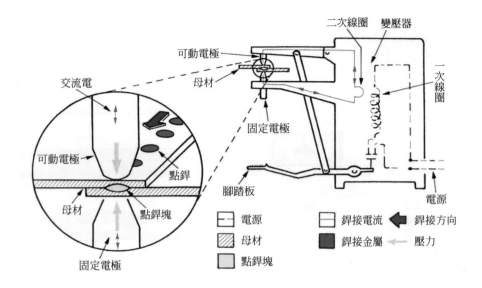

圖 3.17　點銲原理與設備示意圖

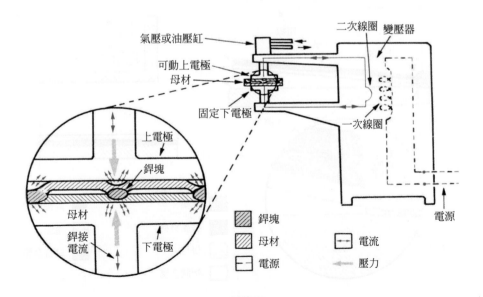

圖 3.20　電阻浮凸銲之原理與設備示意圖

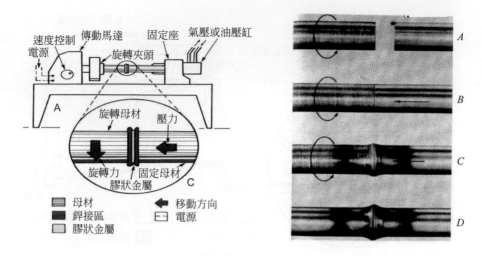

圖 3.25　摩擦銲接之原理與設備示意圖

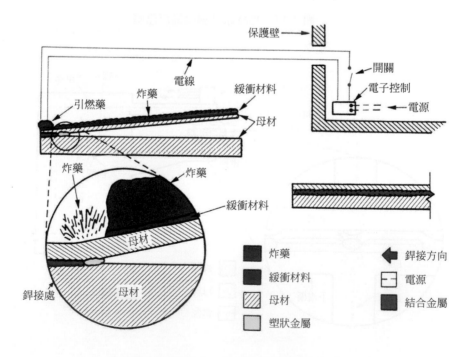

圖 3.26　爆炸銲接之原理

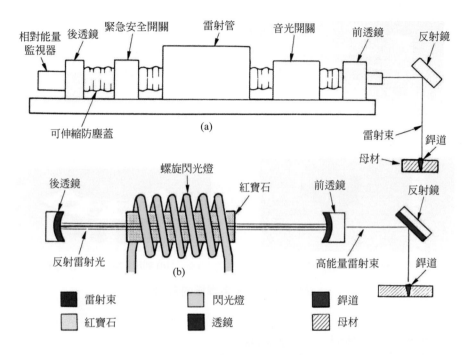

圖 3.35　雷射銲接之原理與設備

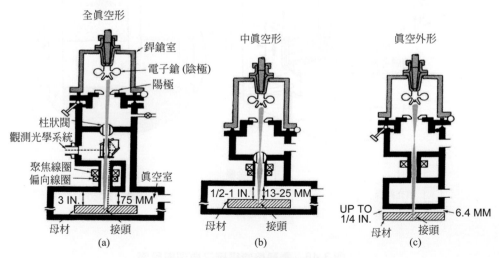

圖 3.44　電子束銲接機的分類

(a) 銲接封閉內的部位

(b) 異種金屬銲接

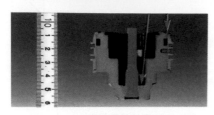
(c) 孔深部位的銲接

(d) 利用 CNC 電子束銲接件

圖 3.46　電子束銲接的實例

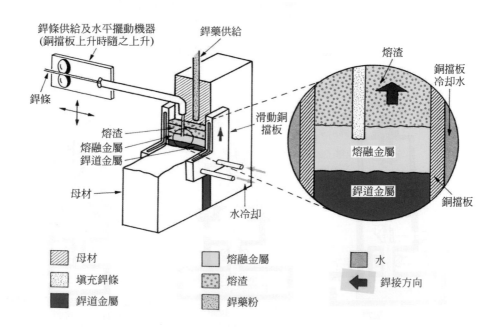

圖 3.48　電熱熔渣銲接之原理與設備

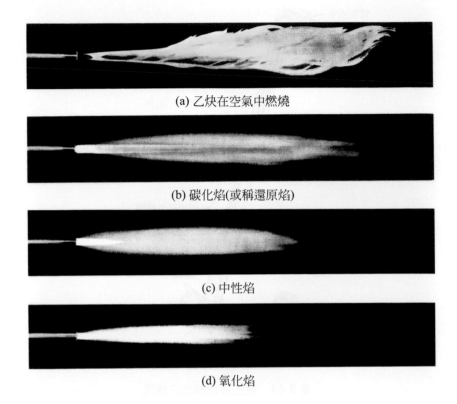

(a) 乙炔在空氣中燃燒

(b) 碳化焰(或稱還原焰)

(c) 中性焰

(d) 氧化焰

圖 3.60　火焰之種類

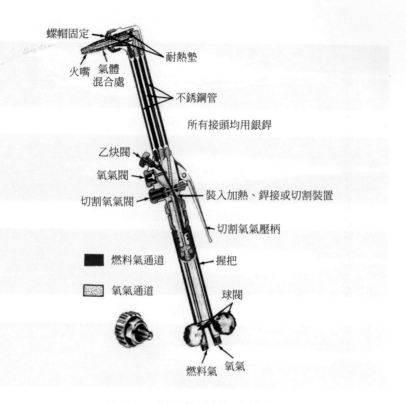

螺帽固定

耐熱墊

火嘴　氣體
　　　混合處

不銹鋼管

所有接頭均用銀銲

乙炔閥

氧氣閥

切割氧氣閥

裝入加熱、銲接或切割裝置

切割氧氣壓柄

燃料氣通道

握把

氧氣通道

球閥

燃料氣　氧氣

圖 3.61　氧乙炔切割炬之構造

4

WELDING

銲接施工程序

4-1　銲接前的準備要項

　　一件事情的成功與否，事前的準備佔有絕對重要的地位，銲接亦同。一件工程在設計完成之前，必須考慮許多市場上工程以及產品的需要作研究，設計完成施工之前，亦需作好準備，以期工作進行的順利。以下就銲接前之準備要項逐項予以說明。

1.　銲件之設計

　　設計者須考慮產量、製造成本、效率、外形與客戶接受程度等因素外，在工程上需考慮以下因素：

(1)　滿足強度要求，但不可將安全因素取太大，以免增加材料成本、施工成本、運輸成本等。

(2)　對稱且深的斷面可承受較高的彎曲力矩。

(3)　適當使用加強材可增加剛性、減少重量。

(4)　考慮市場上可買到的材料與規格。

(5)　非必要時，避免選用高強度鋼板，因高碳與高合金含量者往往需預熱與後熱處理。

2.　畫設計圖

　　經考慮各項因素後，必須將構思之銲件畫成設計圖以利施工。此步驟相當重要，並請有經驗的施工人員提供意見，以選擇最有利的設計方案。

3.　下料

　　根據設計圖進行估料，再以機械切割、氧乙炔焰、電弧等方式將各種材料剪裁成所需的尺寸。若有需要時，可採用開槽設計以節省時間。下料時一定要考慮公差與裕度。無法由現有材料取得的特殊截面，可用成型(forming)法作出。

4. 銲接接頭設計

接頭型式主要由所承受的負荷決定。此外，為求降低成本，可考慮下列事項：

(1) 接頭的型式以填充金屬量愈少愈好。

(2) 避免接頭開槽過深。

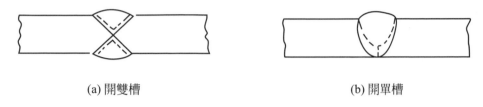

(a) 開雙槽　　　　　　　　　　　　　(b) 開單槽

圖4.1　開雙槽者填充金屬量較開單槽少

(3) 接頭根部間隙與開槽角度愈小，則填充金屬量愈少。

(4) 厚板開雙槽(double grooves)比開單槽節省填充金屬的量。如圖4.1所示，(a)圖填充金屬即少於(b)圖。

(5) 接頭的位置要容易施銲。

(6) 填角銲(fillet welds)表面凸出部份愈少愈好。

5. 銲接處的大小及長度

「過度銲接」(overwelding)是設計與銲接過程中常犯的錯誤，過度銲接不僅增加成本，同時有增大變形與殘留應力的機會，且可能造成層狀撕裂。因此設計者將安全因素考慮進去後，應儘可能控制銲道的大小及銲接長度，儘量以多段銲接取代一整段銲接。

6. 採用小組合構件

一整體構件，若能拆成數個小組合構件先進行銲接，最後再裝配在一起，則可有下列優點：

(1) 可同時對數個小組合構件施工，爭取時間。

(2) 小組合構件變形或殘留應力均較小。

(3) 小組合構件機械加工所需裕度較小。

(4) 小組合構件實施洩漏試驗(非破壞性檢驗法)較易。

(5) 施工錯誤彌補較易。

7. 銲接程序的準備

下列原則可供參考：

(1) 銲接機與電纜是否夠大、夠長？

(2) 用建議的電流極性及銲接條件。

(3) 考慮用直流正極性或較長的伸長金屬量(自動銲)，以增加銲條的熔解速率。

(4) 某些銲條、銲材需預熱。

(5) 銲接姿勢以平銲最理想。

(6) 開槽接頭在銲接根部時，背面可加墊桿以提高銲接速度和銲接品質。

(7) 作銲接變形的預防。

(8) 銲後預熱爐的準備。

4-2 正式銲接時之程序及要點

當一切準備就緒後，即可進行正式銲接。銲接方法相當多，其程序略有不同，本節僅就最常用的四種：氣銲、遮蔽金屬電極銲、惰氣鎢極電弧銲與惰氣金屬極電弧銲做介紹。

4-2-1 氣銲

1. 一般程序

(1) 遵照安全規則與防火程序。

(2)　檢查橡皮管是否安裝正確，有否扭結或其他障礙。

(3)　檢查安裝的火嘴尺寸是否正確。

(4)　關閉銲炬上所有的閥。

(5)　放鬆調節器，打開氣瓶筒閥。

(6)　調整乙炔調節器至正確的工作壓力，不可超過$1.05kg/cm^2$(15psig)的安全限度。

(7)　使用有效的防護設備，穿戴必要的防護衣服。

(8)　點火時應將吹管指向安全方向。

(9)　銲接時要集中注意力。

⑽　不用或變更位置時須熄火。

⑾　銲炬不用時應放置安全場所。

⑿　銲接後，確實清除銲道表面熔渣。

⒀　銲接完熄火後，先關乙炔氣瓶上氣閥，再關氧氣瓶上氣閥。

⒁　旋開銲炬上氧、乙炔氣閥，放出氣瓶出氣口－銲炬間之剩餘氣體，直到調節器上壓力表均歸爲零，再關閉銲炬上的氧、乙炔氣閥。

⒂　清潔工作區域，未完成的銲條、銲劑均要儲存妥當。

2. 點火與火焰之調整

(1)　關閉銲炬上所有的閥。

(2)　放鬆調節器(即關閉)，打開氣瓶上的閥。

(3)　調整調節器至正確的工作壓力。壓力之調整請參考表4.1。

(4)　將銲炬朝向安全方向，不可朝向自身、旁人、氣瓶及易燃、易爆物品。

(5)　打開氧氣閥，再輕輕關上。

(6)　打開乙炔閥約 1/4 轉，等候幾秒鐘，讓系統中充滿乙炔，如此可使銲炬中的混合氣體清除向前，而免點燃時的回火。

(7) 銲炬靠近地面，調整乙炔出氣量至能吹動地面灰塵。

(8) 點火後，倘發生回火或逆火現象，應立即關閉氧氣閥，再關乙炔閥。

(9) 用磨擦點火器點燃乙炔。

(10) 操作銲炬上乙炔閥，至所須大小。

(11) 操作銲炬上氧氣閥，依照銲接材料，調整或所需之火焰。各種火焰適用之材料請參考表4.2。

(12) 熄滅火焰時，先關閉銲炬上的乙炔閥，然後再關閉氧氣閥。

表4.1 軟鋼板厚與火口大小(依鑽頭號碼)、銲條直徑之配合(使用等壓式銲炬)

板 厚 (in)	火口大小		銲條直徑 (in)	氣體概略工作壓力 (psig)	
	鑽頭號碼	孔徑(in)		乙炔	氧氣
22～16ga	69	0.029	1/16	1	1
1/16～1/8	64	0.036	3/32	2	2
1/8～3/16	57	0.043	1/8	3	3
3/16～5/16	55	0.052	1/8	4	4
5/16～7/16	52	0.064	5/32	5	5
7/16～1/2	49	0.073	3/16	6	6
1/2～3/4	45	0.082	3/16	7	7
3/4～1	42	0.094	1/4	8	8
1 以上	36	0.107	1/4	9	9
重級(需高熱量者)	28	0.140	1/4	10	10

表 4.1 日式銲炬、火口大小與軟鋼板厚、銲條直徑之配合(續)
依 JIS 分(B 6801～1977 低壓式銲炬)

銲炬型式	火口大小		氧氣壓力(kg/cm²)	焰心長度 (mm)
	號碼	孔徑 (mm)		
A1 號	1	0.7	1	5
	2	0.9	1.5	8
	3	1.1	1.8	10
	5	1.4	2	13
	7	1.6	2.3	14
A2 號	10	1.9	3	15
	13	2.1	3.5	16
	16	2.3	4	17
	20	2.5	4.5	18
	25	2.8	4.5	18
A3 號	30	3.1	5	21
	40	3.5	5	21
	50	3.9	5	21
B00 號	10	0.4	1.5	2
	16	0.5	1.5	3
	25	0.6	1.5	4
	40	0.7	1.5	5
B0 號	50	0.7	2	7
	70	0.8	2	8
	100	0.9	2	10
	140	1	2	11
	200	1.2	2	12
B1 號	250	1.4	3	12
	315	1.5	3	13
	400	1.6	3	14
	500	1.8	3	17
	630	2	4	19
	800	2.2	4	20
	1000	2.4	4	20
B2 號	1200	2.6	5	21
	1500	2.8	5	21
	2000	3	5	21
	2500	3.2	5	21
	3000	3.4	5	21
	3500	3.6	5	21
	4000	3.8	5	21

表 4.2 各種母材適用之火焰調整

母材	火焰調整	銲劑	銲條
鑄鋼	中性	×	鋼
鋼管	中性	×	鋼
鋼板	中性	×	鋼
薄鋼板	中性 稍微氧化	× √	鋼 青銅
高碳鋼	碳化	×	鋼
錳鋼	稍微氧化	×	同母材成份
高張力鋼	中性	×	鋼
熟鐵	中性	×	鋼
鍍鋅鐵	中性 稍微氧化	× √	鋼 青銅
灰鑄鐵	中性 稍微氧化	√ √	鑄鐵 青銅
展性鑄鐵	稍微氧化	√	青銅
鉻鎳鋼	稍微氧化	√	青銅
鉻鎳鑄鋼	中性	√	同母材成份 25-12 鉻鎳鋼
鉻鎳鋼 (18-8 和 25-12)	中性	√	沃斯田系不銹 鋼或同母材成份
鉻鉬鋼	中性	√	沃系不銹鋼或同 母材成份
鉻鋼	中性	√	沃系不銹鋼或同 母材成份

3. 銲接程序

(1) 事前準備，包括接頭準備、銲條選擇和銲接條件的設計等。

(2) 將工件放在銲接位置先作定位銲接，其法為將銲材成 1.5 ％斜度間隙後，做定位點銲接，由於板的收縮即將板拉成正確的間隙，如圖 4.2 所示。

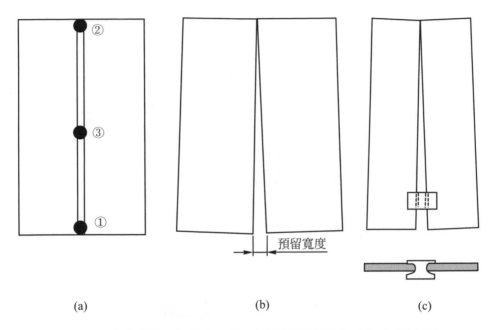

(a)　　　　　　　　　　　(b)　　　　　　　　　　　(c)

圖 4.2　定位銲接；(a)按①、②、③順序進行點銲；(b)、(c)事先安排成 1.5 ％斜度

(3) 手持裝配件於銲接位置。

(4) 熔解開始接合處之定位點，須確實完全滲透。

(5) 當熔池形成後，開始運動並加入銲條。

(6) 銲炬與銲條放在建議的角度。

(7) 若板材厚度 3mm 以下採前手銲法(fore hand welding)，3mm 以上則採後手銲法(back hand welding)，示意動作如圖 4.3 所示。

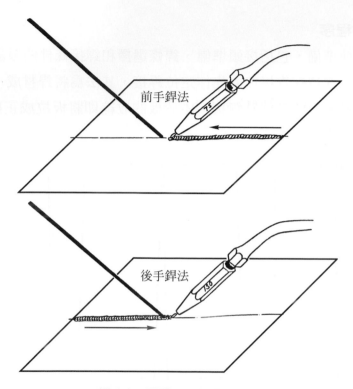

圖 4.3　兩種不同的銲接方法

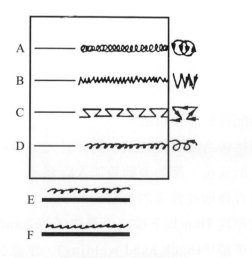

圖 4.4　氣銲常用的銲炬織動法

(8) 依需要選用織動法(weaving bead welding)，氣銲常用織動法，請參考圖 4.4。

(9) 操縱銲炬以減少加熱，同時控制銲條的填充量，小心的終止銲接。

(10) 銲完後，小心檢查銲部，是否有目視可見缺陷。

4-2-2 遮蔽金屬電弧銲

1. 一般程序

(1) 遵守安全規定與防火程序。

(2) 檢查回路及引線穩固連接到工作台或工件以及電源。

(3) 檢查銲接引線連接到電源及到電銲條夾把的接頭是否完全固定。

(4) 檢查電源是否接通。

(5) 使用有效的防護設備，穿戴必要的防護衣服。

(6) 確保銲件與工作台的電源接觸良好，銲接位置儘可能在水平位置。

(7) 檢查移動屏風，起弧前先警告四週人員。

(8) 銲接過程全程穿戴濾目鏡。

(9) 起弧。

(10) 集中注意力於銲接操作。

(11) 控制電銲條的運動，選用適當的織動法。各種織動方式是根據銲接位置而選用，圖 4.5 至圖 4.9 即各種銲接位置常用的織動方式。

(12) 握持電銲把手之力要適當，避免肌肉疲勞，自己位置要平衡，手儘量靠近身體以提高穩定性，但不可限制其自由活動。

(13) 電銲條夾頭不用時應放置安全場所。

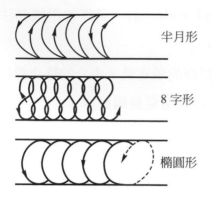

半月形

8 字形

橢圓形

圖 4.5　平銲常用的織動方式

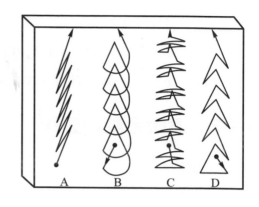

A　　B　　C　　D

圖 4.6　立銲由下而上的幾種織動方式

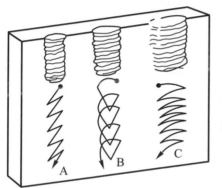

A　　B　　C

圖 4.7　立銲由上而下的幾種織動方式

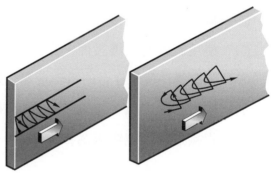

圖 4.8　橫銲熔接的織動方式

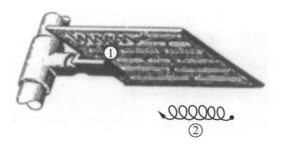

圖 4.9　兩種織動方式使用於仰銲熔接

(14) 開始進行下一道銲接時，確實將熔渣和飛濺物從銲道表面除去。敲除銲渣時，要戴安全眼鏡。

(15) 不用電源時要關掉。

(16) 銲接完畢後，關掉主電源至銲接電源的電路。

(17) 保持工作區域整潔有序，並使設備適當收藏。

2. 起弧斷弧程序

(1) 確保銲件與工作台電源接觸良好。

(2) 以戴手套的手，將電銲條的夾持先端插入夾頭內。

(3) 使銲條指向工件，離開身體，與板面成 65～75 度。

(4) 使銲條靠向銲件，至銲條敲擊端離開板面約 25mm 的地方。

(5) 將護目鏡戴上，降下電銲條，做動作使之起弧。起弧的方法有兩種：

　① 摩擦法(scratching method)：使電銲條以圓弧運動方式摩擦母材表面，就像擦燃火柴一樣。待起弧後，將電銲條提高至稍高於正常電弧長，再稍為下降至所需電弧長度，保持電弧之持續。請參考圖 4.10(a)。

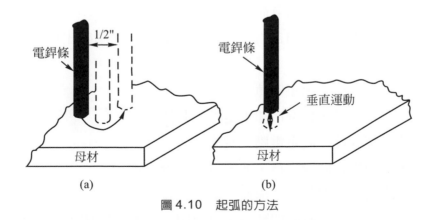

圖 4.10　起弧的方法

    ②   敲擊法(tapping method)：使電銲條向下碰觸母材表面，電弧
        發生後，如摩擦法般將電銲條提高，再稍微下降，保持正確的
        弧長。請參考圖 4.10(b)。

(6) 穩定電銲條，保持一段時間，以建立熔池。

(7) 快速將銲條側向移動，脫離板面，即可斷弧。

4-2-3　惰氣鎢極電弧桿與惰氣金屬極電弧桿

    此二種方法的銲接程序大同小異，故僅以惰氣金屬極電弧桿作介紹：

(1) 遵守全安全規則和防火程序。

(2) 檢查回路引線是否穩固的接到工作台和電源。

(3) 檢查銲條進給及控制組的接線是否良好。

(4) 檢查氣體及水的軟管有無扭結或受到阻礙。

(5) 檢查電弧是否已接通。

(6) 檢查氣瓶氣閥是否已經打開，使用虹吸式筒的二氧化碳時，加熱
      蒸發器必須在開始施銲前五分鐘接通電源。

(7) 檢查調節器壓力是否在正確值。

(8) 將正確尺寸的接觸管頭裝配到銲槍槍炬上。

(9) 檢查已裝配正確的氣體噴嘴。

(10) 檢查銲條伸出銲槍部份，以及接觸管與氣體噴嘴出口端的正確關
      係位置。

(11) 調整氣體流量至正確值。

(12) 如為水冷式，檢查冷卻水是否已打開。

(13) 依銲接條件，設定電壓、電流等。

(14) 發弧前警告四週人員，並安置好防護屏風。

(15) 將護目鏡放置在眼睛前面，直到銲接終了。

(16) 工作終了或長時間間斷時，要遵照以下程序關閉：

  ① 關閉電源。

  ② 關閉氣體筒閥。

  ③ 等一段時間再關閉冷卻水。

  ④ 切斷連接總電源的電路。

  ⑤ 由銲炬上取下銲條或鎢絲，並小心儲存。

  ⑥ 將工作場所清理整潔，設備整理儲存妥當。

4-3　鋼管銲接之程序及要點

　　鋼管銲接用途相當廣範，由於其為管狀，因此在準備工作及操作技巧方面，都與一般銲件有異。本節除對鋼管銲接一般要點做介紹外，並對氣銲、遮蔽氣體電弧銲、氣體鎢極電弧銲、氣體金屬極電弧銲操作程序作說明。

4-3-1　正式施銲前的準備

1. 接頭設計

　　常用的鋼管銲接接頭型式，有如圖 4.11 所示三種：

(1)　對接：當管厚超過 3.18mm 時要開槽。常用的起槽型式有五種：

  ① 標準 V 型接頭，如圖 4.12(a)，銲接根部時不加填充棒。

  ② 尖銳 V 型接頭：見圖 4.12(b)，其無根面(root face)與根部間隙，銲根部時常加入填充金屬。

  ③ U-槽接頭：見圖(c)，此種接頭所得的銲接品質佳，根部的滲透完全而且很均勻。銲根部時用或不用填充金屬，都可得到很好的滲透。

  ④ 消耗性插入型接頭：見圖(d)，管的整圈用一環狀材料繞著，此環狀材料也是填充金屬的一部份，但其成份可自由選擇，主要

之目的在防止多孔性與獲得特定之機械或物理性質。此接頭的缺點為尺寸控制與接頭處之配合較不易,須要謹慎熟練的技巧。

⑤ 輥邊接頭(rolled-edge joint):接頭準備的成本比④少,而且配合之尺寸要求不似④嚴格。當根面的金屬熔解後,接頭處突出的鼻部會流入熔池中,對管內壁而言有加強的作用,所以這種接頭大部份用來銲核子用途、高壓、品質精密的鋼管銲接。

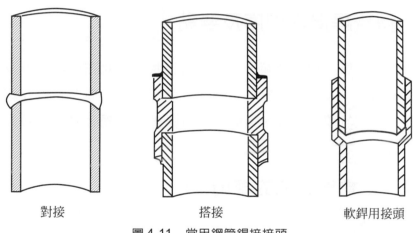

對接　　　　　　　搭接　　　　　　軟銲用接頭

圖 4.11　常用鋼管銲接接頭

(2) 搭接:如圖 4.11(b)所示,其常用填角銲,此種接頭限用在直徑76.2mm以下的小管,且管中流體不可為有放射性或腐蝕性的流體或氣體。

(3) T接與角接:如圖4.11(c)所示,用於銲接支管,T接由於鋼管的形狀,必須將銲接處切割成交線的形狀,如圖4.13所示。圖4.14則為各種角度接頭形狀的展開幾何圖形。接頭各種形狀可用機械切削、研磨、氣體切割等方式來加工。

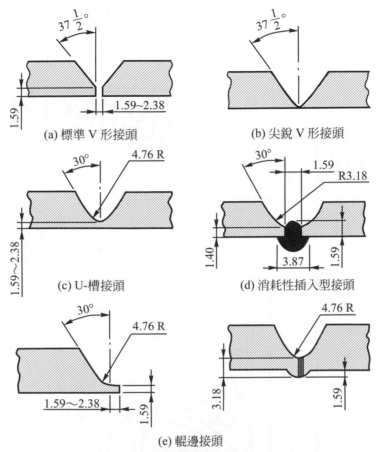

(a) 標準 V 形接頭　　　　　(b) 尖銳 V 形接頭

(c) U-槽接頭　　　　　(d) 消耗性插入型接頭

(e) 輥邊接頭

圖 4.12　鋼管銲接對接五種形式

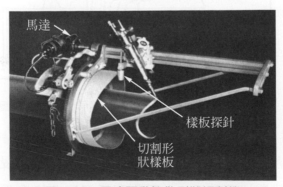

圖 4.13　馬達驅動管件形狀切割機

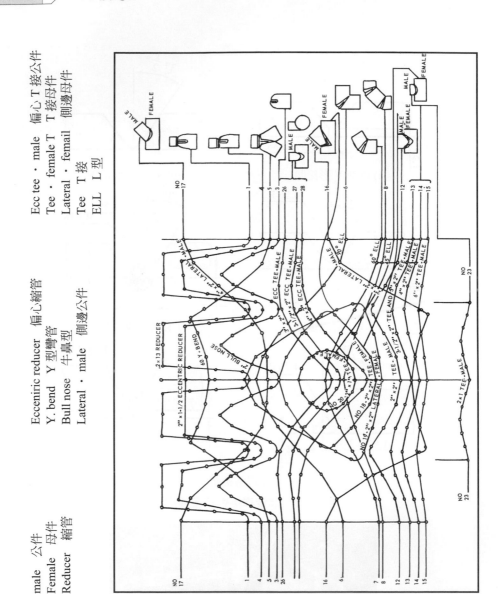

圖 4.14　2 吋管件各種角度接頭展開幾何曲線圖

2. 接頭準備

(1) 接頭切割後，若有雜質積存表面，銲接品質將受影響，故銲接前一定將雜質清理乾淨，此點對不銹鋼管尤其重要。

(2) 預留變形裕度：如圖 4.15 所示，工作角度比實際所需角度大，保留銲接收縮變形量。

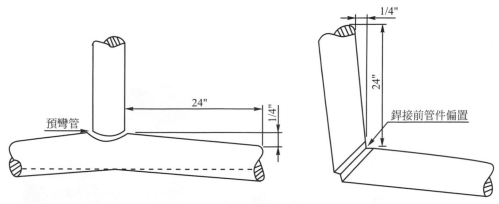

圖 4-15　管件銲接變形裕度之預留

3. 墊料或沖洗(purging)

墊料之目的可幫助滲透效果。另外墊料的成份可適當選擇以達特定之目的，例如增加強度、減少氣孔等。沖洗則是將氬氣或氦氣通入管內，以保護內壁不使氧化，則內壁會如表面一樣的光滑。內壁也可以塗上一層塗料，效果也很好。

4. 定位銲接(jack weld)

鋼管銲接中，定位銲接技術很重要，因為尺寸的配合與銲道的缺陷都會與銲接有關。定位銲接首先需以固定器將欲銲管件固定於所需位置，如圖 4.16 所示，再視管的大小等分定位銲接 4 至 6 個位置，銲接長度約 9.53～25.4mm。如果有用填充金屬銲接時，定位銲接也要用填充金屬。

5. 銲接位置

鋼管的銲接有三種基本的位置，如圖 4.17 所示：

(1) 水平轉動位置(horizontal-rolled)：管的軸在水平位置，而鋼管繞著此軸作旋轉，銲炬與管頂部中央位置的夾角保持在 20°～45°間最好，如圖4.17(a)所示。

(2) 水平固定(horizontal-fixed)位置，如圖 4.17(c)所示，與(1)相同，
僅管子為固定。支撐的架子可從兩邊或頂部，但須有足夠空間保
護銲炬工作。銲時可由頂部往底部銲或底部往頂部銲。銲接的過
程中，平銲、立銲、仰銲都須用到。

圖 4.16　兩種管件銲接固定器

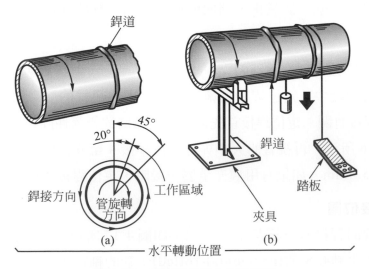

圖 4.17　鋼管三種基本銲接位置

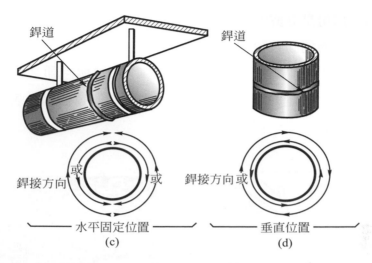

圖 4.17　鋼管三種基本銲接位置(續)

(3)　垂直(vertical)位置：管子的軸在垂直位置，無論管子轉動與否，銲縫始終在水平位置，如圖 4.17(d)所示。

4-3-2　銲接程序

1.　氣銲

　　氣銲可用在任何材料與大小的鋼管銲接，但主要用在低壓小直徑的碳鋼鋼管銲接，厚度在9.53mm以下，直徑小於101.6mm時，氣銲比電弧銲更具價值。在現場工作中，切割與銲接兩者常常需要同時進行，氣銲就比電弧銲方便。

　　大部份氣銲都採用週邊的對頭銲接，管厚在9.53mm以下時即可直接銲接，超過此厚度需多道銲接。管厚在 25.58mm 以下時，常開成單一V槽，較厚的管則需單一U槽較佳。根部銲接時要特別小心，不但要完全滲透，而且管內的內壁銲完後要很光滑，如此才不會減損管的功用。

　　銲炬與銲條擺動方式隨銲接位置的不同而有相當的差異，如圖4.18所示。水平轉動時銲接姿勢均為平銲，銲條以橢圓形方式前後擺動，水平固定因有部份是立銲的姿勢，故以近於圓形的橢圓形方式上下旋轉運動。垂直位置的運動較特殊，如圖4.18(c)中所顯示的形狀作旋轉運動。

目前主要用氣銲銲接的地方有蒸汽、水加熱與冷卻之管路、空氣調節器、各種低壓流體的輸送管路與某些電機的傳動機構。表4.3是低碳鋼管的氣銲條件。

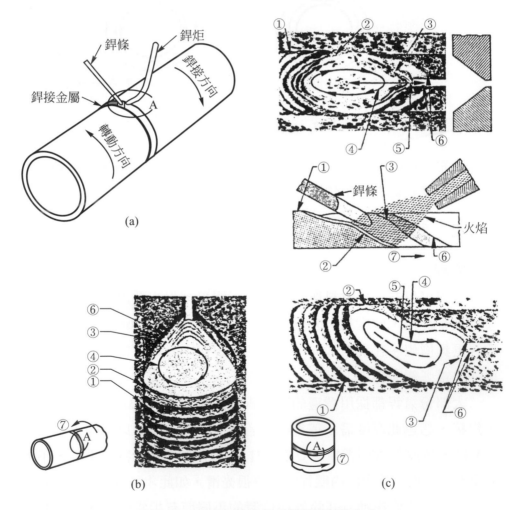

圖4.18　三種位置銲條與銲炬的擺動方式

表 4.3 低碳鋼管(standard and schedule-40)單道銲接的氣銲條件

公稱直徑 (mm)	壁厚 (mm)	銲接長度 (mm)	銲條		銲接時間 (min)	銲口直徑 (mm)	每道銲接氣體消耗量 ($\times 10^2 m^3$)	
			大小 (mm)	每道銲接的重量 ($\times 10^{-2}$kg)			乙炔	氧
12.70	2.77	66.8…	2.38	4.54	7	1.07	1.42	1.42
19.05	2.87	83.6…	2.38	6.82	8	1.07	1.98	1.98
25.40	3.38	104.9…	3.18	11.36	9	1.32	2.55	2.55
31.75	3.56	132.3…	3.18	13.64	10	1.32	2.83	2.83
38.10	3.68	151.4…	3.18	15.91	11	1.32	4.25	4.25
50.80	3.91	189.5…	3.18-3.97	18.18	14	1.32	5.95	5.95
76.20	5.49	279.4…	3.18-3.97	22.73	16	1.51	9.06	9.06
101.60	6.02	359.2…	3.18-3.97	27.27	20	1.78	17.00	17.00
127.00	6.55	442.0…	3.97-4.76	29.55	24	1.78	20.39	20.39
152.40	7.11	528.6…	3.97-4.76	40.91	26	2.06	31.15	31.15
203.20	8.18	685.8…	3.97-4.76	50.00	30	2.06	42.19	42.19
254.00	9.27	858.5…	3.97-4.76	77.27	45	2.06	54.79	54.79

2. 遮蔽金屬電弧銲

鋼管的銲接法中，遮蔽金屬電弧銲是最主要的方法之一，任何材料與銲接位置均可採用此法，常用的銲接接頭是對接接頭與搭接接頭，表 4.4 是對接接頭開槽的角度與尺寸。

表 4.4 對接接頭的開槽角度與尺寸

材料	銲接位置	銲接方向	沒有墊圈	有墊圈	開槽角度	根面尺寸(mm)	根部開口尺寸(mm)
碳鋼	所有位置	上	×		$30° \sim 37\frac{1}{2}°$	1.59	3.18
碳鋼	所有位置	上		×	$30° \sim 37\frac{1}{2}°$	3.18	4.76
碳鋼	所有位置	下	×		$37\frac{1}{2}°$	1.59	1.59

(1) 接頭設計：

搭接接頭都是用角銲，圖 4.19 是三種角銲的銲接接頭。此種接頭限用在 76.2mm 以下的小管，且管中的流體必須為不具危險性之氣體或液體。

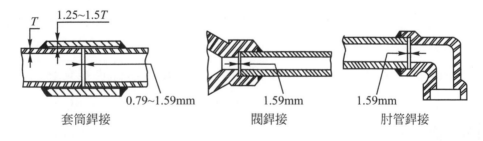

圖 4.19 角銲的搭接接頭

(2) 銲接技巧：

① 電極運動的方向：除平銲外，垂直向上與向下是立銲的兩者常用方法。垂直向下的電流較大，電極運動速度較快，銲珠較小但數量較多，開槽根部的尺寸、角度均小，對 12.7mm 以下厚度的鋼管此法較快，經濟性較高。向上銲因銲珠較少，故清潔表面的時間節省很多，且氣孔較少，品質較高。

②　電弧的控制：銲接時電弧的長度會影響電壓，而熱輸入值與電壓、電流都有關係，電壓太大不但會增加熱輸入值，且銲珠較大不易控制方向，銲濺物也多。電弧太短除了減少熱輸入值、滲透力不夠以外，電極外的塗料也燃燒不均勻，使得銲珠上的銲渣遮蔽不當，造成多孔性，影響銲接品質。

③　電極角度：電極角度對鋼管銲接很重要，因為銲接位置常常改變，所以控制角度亦很重要。電極與鋼管每個位置法線方向的夾角與一般銲接相同。

④　銲接道數(number of passes)：鋼管銲接道數由下列各種因素決定：(a)鋼管的直徑及厚度；(b)接頭種類；(c)銲接位置；(d)電極型式與方式；(e)電極運動方向；(f)電流的種類大小。銲條用較大，道數減少，銲條因較小，道數增加，將可避免熱量集中與晶粒粗大的不良效果。

(3)　銲接條件：

表 4.5 為 E6011 與 E7018 銲條，在不同銲接姿勢的不同銲接條件。

3.　氣體鎢極電弧銲

此法銲接品質相當高但銲速緩慢，適用於銲接較薄的管子和較厚管子的根部銲接。不銹鋼管和鋁管等表面易氧化的材料特別適用此法。精密修護、小裂紋等此法更是合適。

(1)　接頭準備

銲接接頭若有雜質積存表面，則銲接品質不佳，所以銲接前一定要先將雜質清除，對不銹鋼管此點尤其重要。

①　墊料或沖洗(purging)：墊料之目的在幫助滲透效果，此外墊料之成份亦可經適當選擇而達到特定目的，如強度、減少氣孔等，

沖洗則是將氫氣或氦氣通入管內，以保護內壁不會氧化，如圖 4.20 所示。

② 定位銲接(tack weld)：鋼管銲接中，定位銲接技術很重要，因為尺寸的配合與銲道的缺陷都會與定位銲接有關。定位銲接之長度視管之大小而定，一般等分做 4 至 6 個位置，長度約 9.53mm～25.40mm。若有用填充金屬時，定位銲接也要用填充金屬。

表 4.5　不同銲接姿勢的銲接條件

銲條大小	電流	銲接大小	銲接速率 (cm/min)				
			平銲	橫銲	向下銲(30°)	立銲	仰銲
E6011 銲接							
3.18	100 to 120	3.18	20.3-25.4	20.3-25.4	25.4-30.5	...	...
	110 to 120	3.18	...	...	...	17.8-20.3	17.8-20.3
3.87	120 to 140	3.87	20.3-25.4	20.3-25.4	25.4-30.5	...	...
	130 to 140	3.87	...	...	...	17.8-22.9	17.8-22.9
4.76	150 to 165	4.76	...	...	...	15.2-17.8	15.2-17.8
	160 to 175	4.76	22.9-27.9	22.9-27.9	27.9-33.0	...	
E7018 銲接							
3.18	120 to 140	3.18	20.3-25.4	20.3-25.4	...	10.2-15.2	17.8-22.9
4.76	200 to 225	4.76	...	...	...	10.2-15.2	17.8-22.9
	220 to 240	3.87	33.0-35.6	30.5-33.0	...	...	...
	220 to 240	4.76	25.4-33.0	20.3-30.5	...	...	...
5.56	250 to 275	4.76	30.5-33.0	25.4-27.9	...	...	...
6.35	320 to 350	6.35	20.3-22.9	20.3-22.9	...	...	...
	320 to 350	7.94	15.2-17.8	15.2-17.8	...	...	...

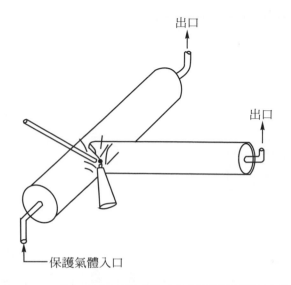

圖4.20　惰氣鎢極銲接時管內通以保護氣體示意圖

(2)　銲接條件：表4.6是氣體鎢極電弧銲接鋼管的銲接條件。

4. 氣體金屬電弧銲

　　此法因銲接速度快，又有保護氣體圍繞在熔池四周，眾多的優點使得一般都採用此法，尤其是較厚的鋼管。

　　保護氣體的種類很多，常用的有：

(1)　CO_2：常用於碳鋼管的銲接。具有多項優點：

① 促進熔透深度，不易有熔解或滲透不足的缺陷。

② 銲珠外形佳，不易有銲蝕現象。

③ 成本低。

④ 保護氣體中分子量最高的一種，對空氣的阻擋力最強。

(2)　Ar：常採 75 % Ar + 25 ％CO_2的混合比例，用以銲接不銹鋼管這類對表面要求很嚴格的材料。

(3)　CO_2 + He的混合氣體，用以銲接鉻鉬鋼。

表 4.6　氣體鎢極電弧銲銲鋼管的條件

接頭種類	銲接位置	管之規格			鎢棒大小	電流		保護氣體		銲條大小 (mm)
		材料	直徑 (mm)	厚度 (mm)		種類	安培數	種類	流量 (×10⁻¹m³/hr)	
一	水平轉動	碳鋼	101.6~152.4	6.35	2.38	DCSP	140~160	氬氣	2.27~2.83	2.38~3.18
V槽對接	水平轉動	碳鋼	101.6~152.4	6.35	2.38	DCSP	120~140 140~160	氬氣	2.27~2.83	2.38~3.18
V槽對接	垂直固定	碳鋼	101.6~152.4	6.35	2.38	DCSP	120~160	氬氣	2.27~2.83	2.38~3.18
V槽對接	水平固定	碳鋼	101.6~152.4	6.35	2.38	DCSP	120~140	氬氣	2.27~2.83	2.38~3.18
一	水平轉動	不銹鋼	101.6~152.4	6.35	2.38	DCSP	120~160	氬氣	3.40~4.25	2.38~3.18
V槽對接	水平轉動	不銹鋼	101.6~152.4	6.35	2.38	DCSP	110~150 110~160	氬氣	3.40~4.25	2.38~3.18
V槽對接	垂直固定	不銹鋼	101.6~152.4	6.35	2.38	DCSP	110~150 110~160	氬氣	3.40~4.25	2.38~3.18
V槽對接	水平固定	不銹鋼	101.6~152.4	6.35	2.38	DCSP	110~150 110~160	氬氣	3.40~5.10	2.38~3.18
方形對接	水平轉動	不銹鋼	50.8~76.2	3.18	1.59~2.38	DCSP	60~120	氬氣	3.40~4.25	2.38~3.18
方形對接	水平固定	不銹鋼	50.8~76.2	3.18	1.59~2.38	DCSP	80~140	氬氣	3.40~4.25	2.38~3.18

表 4.7 氣體金屬電弧銲接鋼管的銲接條件。

表 4.7　氣體金屬電弧銲銲接碳鋼管的銲接條件(保證氣體都用CO_2)

碳鋼管規格			銲條		電壓	電流直流反極性	保護氣體流量
直徑 (cm)	管號	壁厚 (mm)	種類	大小 (mm)	(V)	(A)	($\times 10^{-1}$m/hr)
10.2～20.3	40	6.35～7.94	*E70S-3	0.89	18～21	150～160 130～150	3.40～5.66
10.2～20.3	80	7.94～12.7	E70S-3	0.89	19～23	130～160	3.40～5.66
15.2	40	7.94	E70S-3	0.89	18～21	130～140 140～160	3.40～5.66
15.2	40	7.94	E70S-3	0.89	18～21	1-130～140 4-140～160	3.40～5.66
20.4	80	12.7	E70S-3	0.89	19～23	1-140～150 6-150～170	3.40～5.66
20.4	40	7.94	E70S-3	0.89	19～21	120～130 130～150	3.40～5.66
20.4	40	7.94	E70S-3	0.89	19～21 19～23	120～130 110～120	3.40～5.66
20.4	80	12.7	E70S-G	0.89	19～21 19～24	120～130 110～125	3.40～5.66
15.2～20.4	40	7.94	E70S-3	0.89	18～21	130～140	3.40～5.66
15.2～20.4	40	7.94	E70S-3	0.89	18～21	120～130 110～120	3.40～5.66
15.2～20.4	40	7.94	E70S-3	0.89	18～21	120～130	3.40～5.66
15.2～20.4	40	7.94	E70S-3	0.89	18～21	130～140	3.40～5.66
15.2～20.4	40	7.94	E70S-3	0.89	18～21 18～23	120～130 110～120	3.40～5.66
15.2～20.4	40 80	7.94～12.7	E70S-G	0.89	18～23	130～140	3.40～5.66

4-4 銲接自動化

物質生活日益充裕的社會，年輕人選擇就業的方向，常把勞苦的職業排到最後。因此製造工業日漸遭遇到技術工人難求和工資高漲兩大難題。銲接工作在製造工業中佔第三位，且銲接時所產生的電弧和煙霧所造成的不良工作環境，更使年輕人裹足不前。

銲接自動化的施行，不僅有助於減少對銲工的需求。在人力的調配上，有較大的彈性。同時亦能大幅提高產品品質及生產效率，以使產業結構改頭換面，加強競爭能力。

4-4-1 銲接自動化的需求

銲接自動化的需求極為廣泛，茲將之分類並說明於後。

1. 產量需求

人工銲接最大的缺點在於低填積效率(welding deposition)，如改成高填積效率的自動化銲接，再加上自動化周邊設備的配合，可達提高產量的目的。

2. 品質需求

人工銲接缺乏穩定的品質，如考慮採用自動化銲接，可使銲道的機械性質及外觀，均保持於穩定的高品質。

3. 安全需求

指工作人員的安全而言，某些高溫、具輻射污染或其他可能危害工作人員生命及健康的環境。如施以自動化遙控銲接，就能確保工作人員的安全。

4. 人類心理需求

　　吵雜而又單調的銲接工作，很容易使人厭煩，產生怠工心理。這類很少變化的單調工作如改以自動化銲接較符合人性的需求。

5. 非使用自動化銲接不可的需求

　　某些高難度的銲接工作如真空噴塗作業等，人力無法直接到達工作處，且無法適應該工作的各項變數的需求。若非藉助自動化設備，幾乎無法執行工作。

4-4-2　銲接設備

　　一個完整的機器人銲接系統包括有下列幾個主要部份：

(1)　產業機器人。

(2)　機器人控制系統。

(3)　自動銲接設備。

(4)　定位器。

(5)　操作者控制器。

　　如圖 4.21 所示。

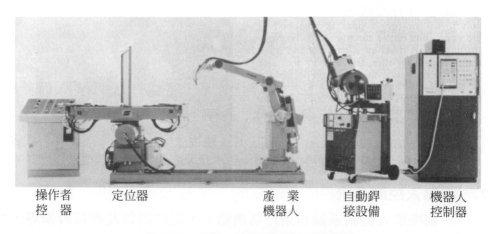

操作者　　定位器　　　　　　　產　業　　自動銲　　機器人
控　器　　　　　　　　　　　　機器人　　接設備　　控制器

圖 4.21　機器人操作系統之主要部份

1. 產業機器人

產業機器人係根據輸入資料、教導方式、動作形態及驅動動力來源的種類分類，茲分述如下：

(1) 根據輸入資料、教導方法分類：

① 人工操作機。

② 固定順序機器人。

③ 可變更順序機器人。

④ 位置再生機器人(由人事先教導而記憶操作)。

⑤ 數值控制機。

⑥ 智慧型機器人(經由感覺和認識機能而操作)。

(2) 根據動作形態分類：

① 圓筒座標機器人。

② 極座標機器人。

③ 垂直座標機器人。

④ 多關節機器人。

(3) 根據動力來源分類：

① 電力方式。

② 液壓方式。

③ 氣壓方式。

(4) 根據自由度(軸數)的分類：對應於各式各樣的使用目的，而有3個自由度之設置到6個自由度的高程度設置，如圖4.22所示。

(5) 根據控制方式的分類：有電子式、繼電式、油壓式、空氣壓力式等。

(6) 各種分類形式的組合：以上諸種的綜合組合。

2. 機器人控制系統

一個機器人控制系統必須控制機器人，定位器以及銲接設備等，為善盡上述責任，機器人控制系統必須能：

(1) 監控銲接機器人系統。

(2) 輸入銲接程式。

(3) 執行銲接程式。

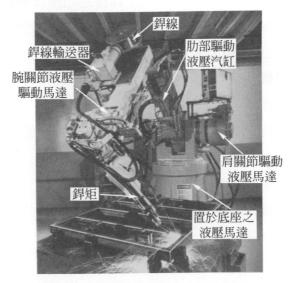

圖 4.22　液壓驅動之軸操作銲接機器人

　　在監控方面，必須隨時檢查一切是否正常運轉，如冷卻水循環是否正常，液壓幫浦溫度是否太高等。若發現不正常現象馬上顯示警告訊號。假如不正常現象繼續發生，則控制系統需停止銲接系統的操作，以免造成進一步的危害。

　　銲接程式乃是一系列的銲接操作，經由這一系列的操作，機器人銲接系統始能執行銲接工作。且由於輸入程式才能一再的重覆完全相同的操作。當然，最重要的功能是必須能執行此程序。

　　為了能有效控制銲接情形，銲接機器人必須有一套有效的感測器，以瞭解、控制銲接狀況，因此感測器是整個系統中最重要的一部份。

　　電弧銲接用機器人，須因應銲接物對象，作業環境、銲接方法及製品用途而開發不同目的之感測器，故裝在電弧銲接用機器人上的感測器，須具備下列功能：

(1)　銲接對象是指定銲接處，特別是銲接起始部份與終止部份之感測。

(2)　起始部份與終止部份，連接銲接線之三次元感測與認識。

(3)　接合部份之形狀與因加工誤差及熱變形，預接等所造成之誤差感測。

(4)　為了迴避機器人手臂，末端效應(銲接火舌)及熔接物不受其他物體干涉之感測。

(5)　銲接進行時，當電弧發生狀況，熔融池之狀態，熔著和凝固金屬之狀況等在即時狀態之感測。

(6)　銲接完後連接處良否之檢查。

　　一般市售機器人的感測器，依偵測原理可大略分為接觸式和非接觸式兩種，可再加以細分成：

(1)　接觸式。

(2)　半接觸式。

(3)　非接觸式。

　　以下針對二種型式感測器，探討它的偵側原理。

(1)　接觸式：此種裝置主要藉著導引滾筒和反應快速的觸針等接觸子與銲接對象直接接觸而行，旨在建立一個銲槽的中心線數據系統，根據此數據來引導銲鎗。此探測器有二大功用，一是建立銲縫間隙形狀(establishing a gap profile)如圖4.25所示，一個建立銲縫中心線數據系統(establishing a gap centerline data base)如圖4.26所示。中間點可以下式來表示之：

$$X_C = \frac{X_1 + X_2}{2}$$

$$Y_C = \frac{Y_1 + Y_2}{2}$$

$$Z_C = Z_C^{-1} + 偏置量$$

銲縫中心線座標

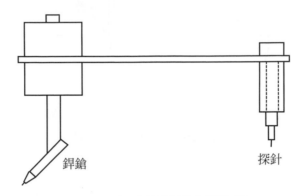

銲鎗　　　　　　　　探針

圖 4.23　探計與銲槍的相對位置

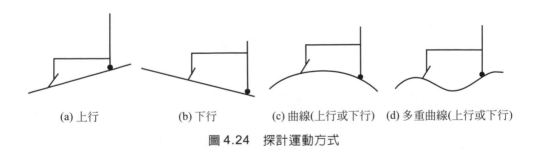

(a) 上行　　　　(b) 下行　　　(c) 曲線(上行或下行)　(d) 多重曲線(上行或下行)

圖 4.24　探計運動方式

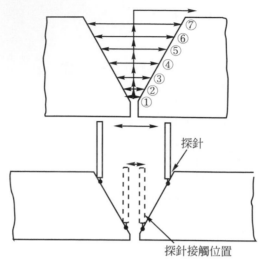

圖 4.25　建立銲縫間隙形狀

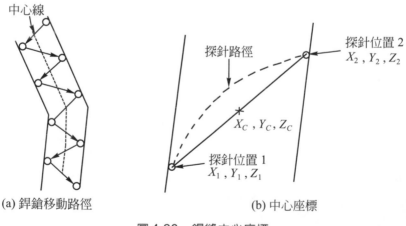

(a) 銲鎗移動路徑　　　　　　　　(b) 中心座標

圖 4.26　銲縫中心座標

　　Z軸座標在任何一組數據時假設係一定值，但如果要偵測一曲線的表面，則Z軸將成為變數。建立中心線位置後，將其座標轉換成機器人銲槍的座標，如此就可導引銲鎗執行銲接工作。

⑵　非接觸式偵測器：目前在機器人的發展過程中大部份是非接觸式偵測器，一般包括視覺系統、電弧偵測及其他電磁式偵測。

　①　電弧偵測(through-the-arc sensing)：電弧偵測乃是利用微處理器的設計，將電弧的信號轉換成銲鎗口的位置，可適用於 TIG 及 MIG 並可用在填角銲、搭接及槽對銲。交錯間斷銲接乃是銲鎗口可在銲口接頭處橫向左右擺動，在擺動時電流或電壓的改變就被處理器分析，以調整左右擺動的中心線位置。另外，當電流一定時，電磁式偵測可自動控制電弧長度而達到接近控制效應。圖 4.27 係電弧偵測的示意圖，圖中銲槍係裝在橫向移動的伺服滑塊上。如果裝在二軸伺服滑塊上，則可做二度空間調整。然而，電弧偵測技術有一些限制，必須最小要有 3mm 的接點以供量測。一是由於處理數據的過程慢，故銲槍移動的速度大約在 50～75 cm/min。

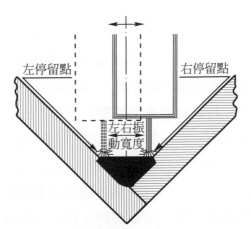

圖 4.27　電弧偵測(through-the-arc)示意圖

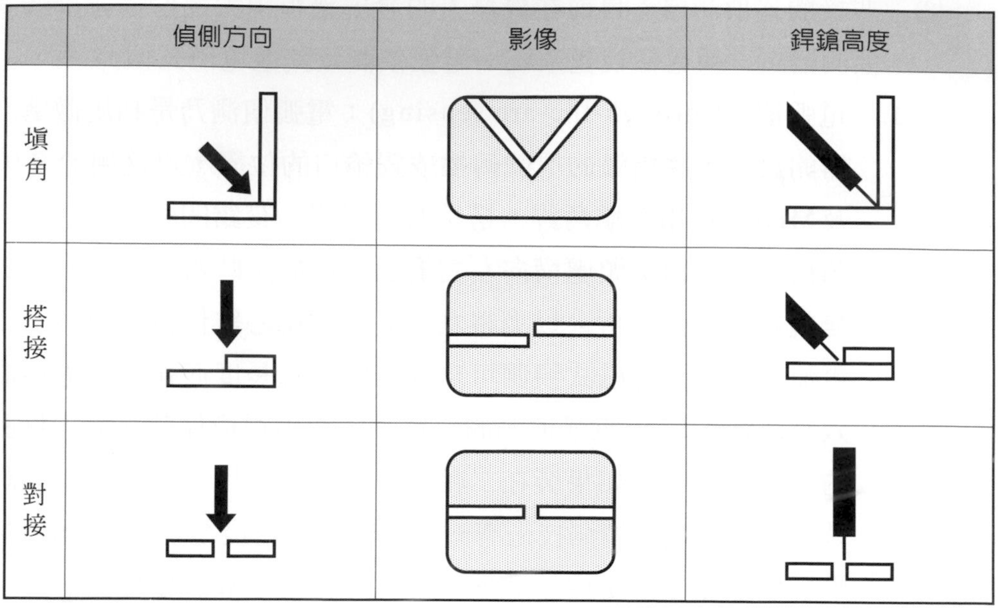

	偵側方向	影像	銲鎗高度
塡角			
搭接			
對接			

圖 4.28　Univision 觀念示意圖

② 視覺系統：電光偵測技術係一相當好的銲接偵測系統。美國的通用電器公司利用 2-D 影像處理，利用雷射光束照射銲縫，再利用視覺系統偵測銲接位置。Unimation 公司發展了一 Univison TM 系統，乃是利用光束及相機將銲口形狀反映出來，圖 4.28 係觀念示意圖。圖 4.29 係系統操作圖。這是一套雙過程系統，第一次係偵測銲口形狀，偵測時間佔全部過程的 10 ％，第二次才是銲接操作。在第一次利用雷射及相機偵測銲接路徑偏差，然後記憶起來。第二次銲接時，機器人將根據第一次偵測的結果做適當的銲接路徑修正。Automatix 公司的 Robovision II 利用光束量測銲鎗頭前 4cm 的地方做爲資料(爲了避免由於銲接所引起的熱變形等因素)，它是一種單程系統(single-pass system)也就是偵測與銲接操作同時進行。SRI International 亦發展了

一套即時視覺偵測系統(real time vision sensing system)。這是一套三度空間的視覺系統，用它偵測銲口的確實位置、形狀及銲槽寬度與深度。影像處理是利用基本的光學三角關係(圖4.30)。當得到工件銲口的幾何形狀後，配合銲鎗的方向位置可計算出所要的影像點位置。如圖4.31係銲口接頭的影像處理。

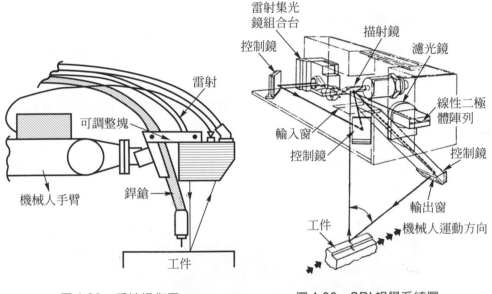

圖 4.29　系統操作圖　　　　圖 4.30　SRI 視覺系統圖

圖 4.31　銲接接頭的影像處理

3. 自動銲接設備

　　一般銲接機器人採用的銲接方法包括：氣體金屬電極電弧銲、氣體鎢極電弧銲以及電阻銲，其中尤以氣體金屬電極電弧銲和電阻銲應用最廣泛。如圖 4.32 所示，即爲一 GMAW 之自動銲接設備。

4. 定位器

　　定位器或稱分度台，一般機器人銲接之定位系統可分爲：

(1) 分度式定位：分度式定位乃是最簡單的一種定位系統，常使用機械式的定位銷及其他鎖定機構。

(2) 可程式定位：乃是 NC 機器一樣的控制系統，其控制系統結構如圖 4.33 所示。

(3) 伺服式定位：由機器人的控制系統所控制，與機械人同爲一控制系統，有電力及液壓伺服兩種。

圖 4.32　同時銲二件工作的 GMAW 自動銲接設備

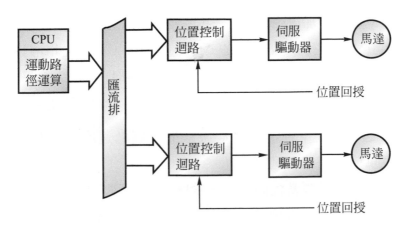

圖 4.33　可程式定位控制系統結構

4-4-3　銲接工作流程

自動化在流程安排的精神，是一種建立銲前準備、銲接程序以及後續工作之完整規範；且可確實實行各項規範，以確保產品品質的均一性。規範建立後每隔一段時間必須加以檢討，以求更有效的流程。

1. 銲前準備工作

銲前準備工作大體分為銲口加工、清潔、組立銲接和預熱等工作。茲分別說明如下：

(1) 銲口加工：銲口加工的合乎標準與否，直接關係到定位後的均勻性，影響銲道的品質很大。銲口加工方式，依要求可用車削、火焰、電弧等方式加工。

(2) 清潔工作：清潔工件表面的銹垢、油脂，可避免銲道夾渣或產生氣孔。酒精或丙酮可去除油脂，銹垢則可以機械方式磨除，或用化學藥劑清除(如酸洗)等方式。

(3) 預熱：為減少銲接產生的熱應力、舒緩變形及避免龜裂，可依工件形狀、厚薄作適當的預熱。預熱的方式除火焰加熱外，亦可採用電熱式的加溫系統。

(4) 組立銲接：形狀較複雜之工件不易定位，可預先用冶具夾持後，先做組合銲接，然後再移到自動台上銲接。

2. 銲後處理及品質檢驗

銲後處理較為單純，主要是適當地控制低速度，必要時施以熱處理、外表車削加工或研磨等。

品質檢驗則是經常性的工作，檢驗結果需建立檔案，以供日後流程規範改善之參考。經常檢驗的方式有卡尺、X光機、磁粉或藥劑探傷檢驗、超音波檢驗、金相試驗、機械性質試驗等。

▌習 題

1. 銲件之設計在工程上需考慮那些因素？
2. 銲接接頭設計需考慮那些事項？
3. 簡述採用小組合構件的優點？
4. 簡述氣銲時點火及火焰的調整程序？
5. 遮蔽氣體電弧銲起弧方法有那幾種？簡述之？
6. 簡述鋼管銲接三種基本位置？
7. 惰氣鎢極電弧銲接鋼管時，管內通以惰氣作用何在？
8. 銲接自動化必需待合那些需求？
9. 完整的機器人銲接系統包括那幾部份？
10. 簡述產業機器人的分類有那些？

5

WELDING

銲接缺陷與防範對策

　　無論技術多精良，一條銲道很難完美無瑕，通常銲層中總可能包含微量的銲渣或產生一些細裂紋。雖然對整體的機械性質並無影響，但由於破壞了銲接物的完美與連續性，通常稱這些微疵為不連續(discontinuity)，這些不連續太多或者太大到超過某一標準限度(standard limit)而違反某些規格標準(specification code)時，稱之為缺陷(defect)。在施銲時經常碰到一些人為或機器不良造成的問題，如果處理不當也會產生爾後銲接缺陷，這些問題則稱之為困難(difficulty)。

　　銲接作業時可能碰到的難題以及影響完美度的因素很多，主要包括：

(1)　接合的結構設計。

(2)　材料的選擇穩定性。

(3)　銲工的經驗與技術。

(4)　銲件表面狀況。

(5)　熱處理條件。

5-1　銲接缺陷之分類與簡介

　　根據國際銲接研究所(international welding institute，I.I.W.)分類：

100系－　裂縫(cracks)，包括縱向的(longiutdinal)，銲疤(crater)，橫向的(transverse)，銲道底部(underbead)。

200系－　空洞(cavities)，包括氣孔(gas pocket)，表面氣孔(surface porosity)，內孔(internal porosity)，收縮內孔(shrinkage void)。

300系－　固體夾渣(solid inclusions)，包括熔渣(slag)，金屬氧化物(metal oxide)，銲劑(flux)，外來物(foreign material)。

400系－　不完全熔融及穿透(incomplete fusion or penetration)。

500系－ 不完全外形(imperfect shape)，包括過熔低陷(undercut)，堆搭(overlap)。

600系－ 其他缺陷(miscellaneous defects)，包括起弧(arc strikes)，過多飛濺物(excessive spatter)。

5-1-1　裂縫(Crack)－ 100系

裂縫是所有銲接缺陷中最常見也最嚴重的問題，它的產生會：

(1)　降低銲件本身之強度。

(2)　裂縫在繼續進行受力狀態會造成的破壞(sudden failure)。

(3)　在低溫度或受衝擊時易發生破裂(fracture)。

故通常遇到裂縫問題只有加以修補(repair)或完全丟棄，見圖5.1。

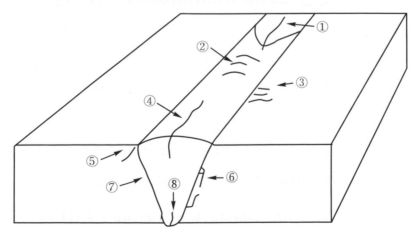

圖 5.1　銲接物中根據位置所在裂縫之分類

(1)　銲接金屬銲疤裂縫(weld metal crater cracking)。

(2)　銲接金屬橫向裂縫(weld metal transverse cracking)。

(3)　母材熱影響區橫向裂縫(base metal HAZ transverse cracking)。

(4)　銲接金屬縱向裂縫(weld metal longitudinal cracking)。

(5)　銲趾裂縫(toe cracking)。

(6) 銲道底部裂縫(underbead cracking)。

(7) 銲融界線(fusion line)。

(8) 銲接金屬根部裂縫(weld metal root cracking)。

5-1-2 空洞(cavities) － 200 系

1. 氣孔(porosity)

在熔融時氣體由於外界侵入或有機物分解,而產生溶於液態金屬中,凝固時則在裏面或內部造成空洞(cavities),一般稱之爲氣孔。

2. 收縮內孔(shrinkage voids)

熔融金屬凝固時,體積收縮在內部形成的空洞。

5-1-3 固體夾渣(solid inclusions) － 300 系

施銲時存積於銲道內部之夾雜物質統稱爲夾渣(inclusions),多半由於表面處理不當,銲接技術不良等造成。主要的夾渣包括熔渣(slag)、銲劑(flux),氧化物(oxide),以及鎢渣(tungsten inclusions)。由於大部分夾渣呈圓形,其影響沒有裂縫大。

5-1-4 不完全熔融(incomplete fusion)及不完全穿透 (incomplete penetration) － 400 系

1. 不完全熔融又稱熔融不良(lack of fusion,LOF)

通常由於銲條選擇不當,操作技術不精,銲接時之電壓、電流及銲速控制不當,使得產生的熔化熱力不夠造成缺陷,見圖5.2。

2. 不完全穿透又稱穿透不良(lack of penetration,LOP)

在厚板對接銲或填角銲時,所使用的銲條太粗或銲接電流太低,導致電弧熱度不能熔透銲口、銲接速度過大或銲接對稱面準備不良均會促成銲料的穿透不完全。

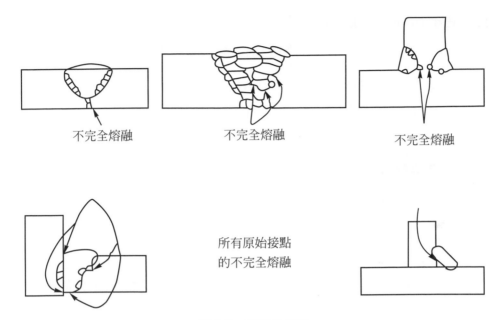

不完全熔融　　　　　　不完全熔融　　　　　　不完全熔融

所有原始接點
的不完全熔融

圖 5.2　不完全熔融

5-1-5　不完全外型(imperfect shape)或稱不可接受的輪廓(unacceptable contour)－ 500 系

1.　銲蝕(undercut)及堆搭(overlap)

通常起因於過大的電流，不當的銲接角度及銲條，此種缺陷會產生應力集中區(stress riser)，在低溫、疲勞，或衝擊荷重時造成大問題。

2.　不正常輪廓(incorrect profile)

通常由於銲工選用的銲接參數(welding parameters)，或銲條不當引起。

5-1-6　其他缺陷(miscellaneous defect)－ 600 系

所有不屬於前面五類的缺陷，均歸納於此類。

1. **起弧(arc strikes)**

   在銲道附近，因不小心將電極接觸到母材表面而產生起弧點。

2. **過多的飛濺物(excessive spatter)**

   銲道附近的母材表面有許多飛濺物，主要是偏弧(arc blow)，過大的銲條或電流，或者過長電弧等產生的。

3. **不良接頭點(poor tie-in)**

   由於再起弧(restriking arc)不當或角度不對，而在銲道(weld bead)交接點產生空洞(cavity)。

4. **不良外表(poor appearance)**

   由於不當技術或選用不當之電流、電極或速度而產生不完美，不圓滑的外表。

5-2 冷裂與熱裂

5-2-1 冷裂縫(cold cracking)

1. 發生溫度：315℃(600℉)以下(或高溫不產生但在低溫察覺到)。

2. 時間：短時(short time)或延遲性的(delayed)。

3. 特性：穿晶性(transgranular 或 intragranular)。

4. 發生區域：母材熱影響區(base metal HAZ)，銲道熔融區(weld fusion zone)。

5. 發生原因：

   (1) 熱影響區變硬(形成麻田散鐵)。

   (2) 殘留應力(residual stress)的產生。

   (3) 氫的脆化作用(hydrogen embrittlement)。

6. 防治方法

(1) 續熱處理－舒解殘留應力並軟化之。

(2) 預熱處理－降低銲材之冷卻速度。

(3) 選用低硬化能的材料或低碳鋼。

(4) 選用含氫量低的銲條。

7. 冷裂縫敏感性與碳當量(carbon equivalent)有關。

$$CE = C\% + \frac{Mn\%}{6} + \frac{Ni\%}{20} + \frac{(Cr + Mo)\%}{10} + \frac{Cu\%}{40}$$

8. 預熱溫度的選擇(原則上根據碳當量數)

碳當量	預熱溫度
≤ 0.45	不用
$0.45 \sim 0.60$	$200 \sim 400°F$
≥ 0.60	$400 \sim 700°F$

5-2-2　熱裂縫(hot cracking)

1. 發生溫度：315℃以上。

2. 時間：在銲接進行時。

3. 特性：沿晶式或稱晶粒間式(intergranular)。

4. 發生區域：

(1) 銲道熔融區(weld fusion zone)。

(2) 母材料影響區(base metal HAZ)。

(3) 銲接金屬熱影響區(weld metal HAZ)。

5. 發生原因：

(1) 晶界面變弱或液化(liquation)。

(2) 殘留應力(residual stress)的產生。

(3) 偏析物的液化(liquation of segregates)。

6. 防治方法：
   ⑴ 降低銲接時承受外力的程度。
   ⑵ 選用含雜質少的母材。
   ⑶ 選用適當銲條(如可以生成肥粒鐵者)。
   ⑷ 選用加錳、鉬合金之母材或銲條。
   ⑸ 避免多重熱循環。

5-2-3 低凝固點化合物(low-freezing compounds) 產生的熱裂縫(hot cracking)

在鋼鐵中極易產生熱裂縫的元素，硫(sulfur)是最主要的一個，硫原子會與鐵原子作用生成一種可溶於液態鐵的化合物—硫化鐵(FeS)，只要加入極少量硫於鋼鐵中，即可將凝固範圍從40℃增加到500℃，液態鋼鐵在結晶凝固時，最後部分含硫甚高的液體可能保持到 1000℃左右。由於這些低凝固點液態硫化鐵形成的外殼(envelopes)，將包覆在已凝固晶粒外，當外力超過某一容忍值(tolerance limit)時，即產生沿晶界的熱裂縫(intergranular hot cracking)。

從另一觀點來看，如果鋼鐵中含多量而連續的FeS，雖然母材本身熔點在 1500℃左右，但是在晶界面被加熱到 1000℃左右時，亦自然生成熱裂縫。這種情形發生時，稱之為熱脆(hot short)或紅脆(red short)。

5-2-4 再熱金屬中的熱裂縫 (hot cracking in reheated metal)

熱裂縫不僅侷限在熔接金屬中，它同時也可以在母材的熱影響區中發現。一些高合金鋼材通常含有複雜的碳化物(carbides)或金屬間化合物(inter-metallic compounds)，這些微細組織(constituent)顯示很大範圍的強度(strength)、延展性(ductility)以及熔點(melting point)。當

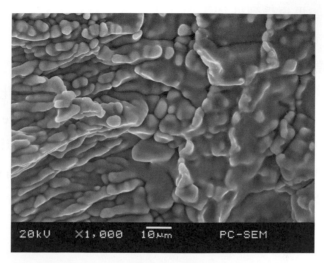

(a) 6061-T6 鋁合金

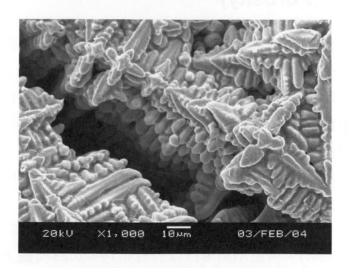

(b) 718 超合金

圖5.3　不同材料的熱裂破斷面

考慮靠近熔融界線(fusion line)附近母材熱影區，在施銲時若溫度高達 900℃ 至 1000℃ 之間，上述的微細組織會變得非常脆弱或甚至熔融

(melting)，如果再受到外加張力作用，熱裂縫很容易發生。有些殘餘元素(residual elements)如硫(S)，磷(P)之類很容易形成這些低熔點化合物。它們通常在晶界(grain boundaries)上形成稱之為偏析物(segregate)。銲接時偏析物在低於母材熔點之溫度下成為液體，稱為液化(liquation)。熔融區旁的母材熱影響區，銲接時先是受到壓縮(compression)繼而發生擠壓(upsetting)，當熔融區凝固時，鄰近的母材料影響區則受到向外拉伸的張力(tension)作用，使得存在大量液化偏析物的晶界分離而成熱裂縫，如圖 5.3 所示。當然，如果液化的晶界偏析物在冷卻張力增加以前重新凝固(resolidity)，則熱裂縫不一定產生。

5-3 氣孔(Porosity)

氣孔起因於氣體被凝固的金屬所包圍無法逸出，而形成氣包(gas pocket)。一般為不連續且呈球形狀，但也可能是圓柱形。圖 5.4 所描述之氣孔是由 X 射線所攝得。這些圖列出孔隙之大小以及數目的形式，而此乃是使用機械設備銲接時 AWS 規格說明 D14.4 所能容許的範圍。

影響銲接金屬產生氣孔之主要基本元素為硫、碳和氧。當硫含量大於 0.05％而電弧保護氣體內有氫存在時，會形成硫化氫(H_2S)氣泡，它們經常停留在銲接金屬內無法逸出。

當一種包覆纖維素(cellulose-covered)的電極拿去銲接易削鋼(free-machining steel)，例如 AISI B1112 含有 0.16～0.23％硫上述現象極易產生。另一例發生在銲接易削鋼及碳鋼(平均含硫量 0.05％)情況。這兩個例子中沈積的熔填金屬藉稀釋(dilution)將獲得充分的硫而造成大量氣孔，若欲改善此現象，除非使用低氫銲條或採用適當的工作程序。

此外，碳與氧會形成二化碳氣泡，油(oil)和油脂(grease)容易揮發，水氣(moisture)無法外逸則會變成蒸氣氣泡(steam bubble)。

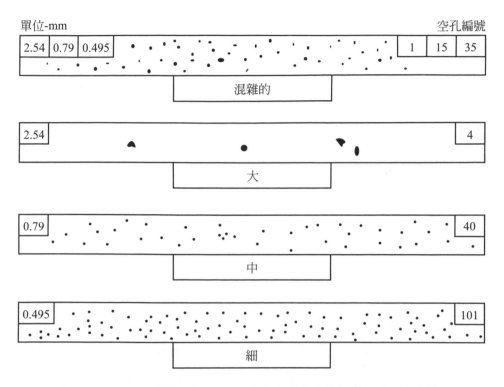

圖 5.4　　13mm 厚的板在 152mm 長度內銲珠沈積部所允許之空孔數目與型式。AWS D14.4 容許全部空孔面積19mm²

　　氣孔形成的因素是由於污物及水氣存在以下各處，例如消耗性電極及氣體。氣孔和夾渣(slag inclusion)不同，其形成氣體而不是固體，圖 5.5 說明角銲之根部有氣孔和夾渣情形。

　　使用潔淨的材料及保養良好的設備，可以很容易地避免氣孔形成。此外，電流過高與電弧過長時，會造成遮蔽金屬電弧銲(shielded metal-arc welding)的還原劑量不足以與熔融金屬內的氣體作用，亦會產生氣孔。

　　當鋼鐵中含有大量硫時，必須用低氫電極銲接以減少孔隙率。熱輸入量(heat input)對於銲接金屬的氣孔產生有很明顯影響，多半與使用的電流及電壓有關，而且經常是在電極製造者所推薦範圍以外產生的。

　　然而，除非氣孔很大，否則它不會像其他尖銳的不連續(sharp discontinuity)一樣造成應力集中。

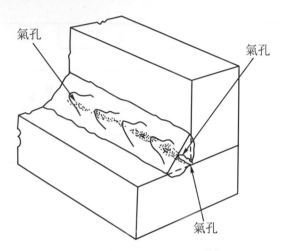

　　　　氣孔

　　　　　　　　　　　　　　　　　　　　　氣孔

　　　　　　　　　　　　　　　　　　氣孔

圖 5.5　角銲時之氣孔及夾渣

　　在銲件內的氣孔分佈可分類爲均勻分散(uniformly scattered)、群集(cluster)、管狀(piping)、線狀(linear)。氣陷也列爲氣孔的一種等級。

5-3-1　均勻分散之氣孔
(uniformly-scattered porosities)

　　均勻分散的氣孔在單道銲接(single-pass)或多道銲接(multi-pass)中均可發現。形成原因是銲接技術過失或材料的缺點，這些缺點導致氣體形成及無法逸出。如果銲件冷卻較快，在金屬凝固前沒有足夠時間允許氣泡從表面散去，則被凝留的氣體即在銲件內形成孔隙不連續(porous discontinulty)。這些空孔的大小可能從極微小至 3mm，或者更大(約 1/8 吋)。

5-3-2　線性氣孔(linear porosity)

　　線性氣孔是氣孔沿著接頭的邊界排成一列，或者是沿著銲接的根部及銲珠交互的邊界上排成一列。一般發生在銲道根部，可視為當接點穿透的特例。線狀孔隙發生的原因是由於污染而造成氣體沿著某一邊界發展。它們線狀的分佈與銲接軸向有密切關係。在管子之銲道根部(root pass of pipe)所形成的線狀氣孔稱為孔珠(hollow bead)。

5-3-3　管狀氣孔(piping porosity)及蟲孔狀氣孔 (wormhole porosity)

　　管狀氣孔及蟲孔狀氣孔是一種細長的氣體不連續。在角銲時，管狀氣孔經常是從銲接根部朝其表面延伸，但未達表面。然而潛弧(submerged arc)角銲的氣孔經常延伸至表面。

5-3-4　氣陷(gas dent)和麻點(pock mark)

　　氣陷和麻點經常發生在銲積物(weld deposit)表面。這些型式的變化可從每吋一個凹陷(dent)至每吋數個洞(hole)。

　　因為電極所產生的保護氣體對於銲渣形成是個重要因素，變更保護氣體將會影響最後結果。所以電極的型式決定電弧特性，並且影響銲渣組成。

　　當銲道沈積發生在狹槽(narrow groove)底部和頂部時，其電弧所使用的保護氣體量是不相同的，此即保護氣體變更的一例。雖然母材可能也是一種因素，但是經由改變電弧條件，例如極性(polarity)及弧長，以獲得到更穩定的電弧，可改善其結果。角銲表面之氣孔經常歸類為麻點(pock marks)。

潛弧銲接時過量的助熔劑會造成阻塞，而妨礙銲接所發生之氣體向外溢散，因此其表面經常可以看到氣陷(gas dent)。在已完成的銲道上，氣陷可能影響銲疤外觀。多重銲道的銲接，消除表面空洞工作是重要的，因為它們可能成為溶渣滯留的凹穴。

5-4　夾雜(Inclusion)

夾雜物可分為金屬和非金屬夾雜物。

5-4-1　金屬夾雜物(metallic inclusion)

金屬夾雜物經常是留在銲接金屬內的鎢粒子，特別是 TIG(gas tungsten arc welding)的銲接方法。

一般在電極與工件或與熔融銲接金屬接觸時，可能使鎢粒子進入銲道中，尤其是人工操作過程更為明顯。

在某些情形下，不需使用任何輔助工具即可用肉眼看到鎢夾雜物。然而一般偵測方法是使用放射線檢驗。在放射線照片中鎢夾雜物顯現亮點(light-spot)，因為 X 射線及γ射線幾乎不能穿透鎢，而所有其他的銲接不連續在放射線照片中呈現黑色區域(dark area)。其他金屬的不熔解夾雜物可能發生在電渣銲接法，假如熱源(heat source)停留在熱板(back-up plate)，則異類金屬可能進入高能量銲接的部分。

銲接時使用填料金屬(filler metal)之處，鎢夾雜物的發生頻率會減少。甚至像薄材料銲接間歇地使用亦然。在起弧(arc starting)的時候使用高頻率電流有排除鎢夾雜物的傾向。一般純鎢電極常應用於TIG的交流電源銲接，而如果採用直流電源銲接時，使用釷化鎢(thoriated tungsten)或鋯-鎢電極可有效減少鎢夾雜物的影響範圍。

5-4-2 非金屬夾雜物(nonmetallic inclusion)

　　非金屬夾雜物例如熔渣和氧化物，是固體熔渣類的物質存留在銲接金屬及母材金屬內部。一般言之，熔渣夾雜物的形成是因爲銲接技術的瑕疵以及設計者所提之銲接方法的失策。在熔填金屬沈積及緊接其後的銲接金屬將固化時，銲接金屬與覆有其他物質的電極間會有許多化學反應發生，形成溶渣化合物，而這些熔渣可以略微地溶解在熔融金屬中。因爲熔渣比重很輕，除非受到束縛，否則會浮在熔融金屬表面。

　　在遮蔽金屬電弧銲(SMAW)時使用有塗層的電極，由於電弧的攪拌作用會造成在熔融金屬表面下形成熔渣，熔渣也可能流至電弧前方而引起金屬在其上堆積。當熔渣出現在熔融金屬時，有許多因素會阻礙其排除，例如高黏性的銲接金屬，快速凝固，太低的溫度，銲條使用不當以及前一次的銲道有下陷情形等。若是在接點邊緣有明顯的凹痕情況或者兩條銲道之間，經常造成熔渣的滯留。

　　在每一銲道施銲之前，適當地整理其凹槽並注意其外形是否正確，如此可以避免大部分的熔渣夾雜物。細長且平行的熔渣夾雜物叫做車軌(wagon tracks)，往往發生在管子的銲接。

5-5　不完全熔融與不完全穿透

5-5-1　不完全熔融

　　不完全熔融往往被視爲不當之接點穿透(inadequatejoint penetration)。嚴格地定義，其所描述的是指銲接金屬的相鄰兩層間或者與母材間之熔解不良情形，如圖 5.6 所說明。所得到之熔解不良情形可能發生在銲槽任何部位。

發生不完全熔融的原因常爲不當的銲接技術、銲接材料的不良穿透或者不當的接點設計所造成。引起不完全熔融缺陷是銲接熱量不足，而使得母材或者先前的銲道金屬無法達到熔點，同時在接點附近造成充填的不足。若是母材上有高溫氧化物，雖然使用適當的銲接條件但仍舊無法得到完全的熔解。在銲道間由於銲工所造成的不完全熔融叫做冷疊(cold lap)。

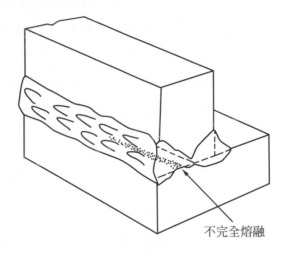

不完全熔融

圖 5.6　在隅角接合處的不完全熔融

一般說來在凹槽側邊必須熔化相當的部分，才能確保適當的熔解。基本上必須是使母材金屬表面達到熔點，而使母材和銲接金屬之間金相連續。

5-5-2　不當的接點穿透

不當的接點穿透發生在銲接根部之熔填金屬與母材無法完全熔解下；若無熔填金屬的情況下，則僅指母材部分而已。只有在銲接程序之規格要求銲接金屬穿過最初的接點邊緣時，不當之接點穿透才會發生。可能導致之原因是銲接熱量不足、錯誤之接點裝配、管子對位不正或者電弧周邊控制不當。許多設計者指定銲接要達到 100％根部穿透，以確保在銲接根部沒有任何區域發生不當的穿透。一般橋樑結構除非經由非破壞性檢驗證實其銲接的堅固性，否則低於 100％根部穿透的接點設計多不予採用。

雖然無法熔解或者助熔劑表面之氧化物及雜質，可能造成不當之接點穿透，但是一般在接點附近的熱傳問題才是造成這種不連續的主要原因。假如在根部上方的母材金屬首先達到熔解溫度，熔融的金屬可能橫跨此區域而同時阻礙電弧熔解根部的母材。使用遮蔽金屬電弧銲時，其電弧的產生是在電極與母材距離最近之處，母材其他區域的金屬主要是靠熱傳導而獲得能量，假使離電極最近的母材與根部之間有相當大的距離，則熱傳導的結果可能不足以達到根部的熔解溫度。

若銲接根部將受到直接的張力或彎曲應力，就特別不允許有不當之穿透發生。因為未熔解的區域會造成應力集中，不需要明顯的變形即會發生破壞。另外，雖然使用時該處不會受張力或彎曲應力，但是在銲接當時工作本身的收縮應力(shrinkage stress)及扭曲(distortion)會在未熔解的區域形成裂縫，這些裂縫可能連續地發展直至貫穿整個銲接的厚度為止。

不當之穿透最普遍的原因是凹槽設計不適合於該銲接方法或實際結構之規定。當銲接僅在凹槽的一側進行時，若有以下情形發生，則使用遮蔽金屬電弧銲不可能一直維持完全的穿透：

(1)根部表面的尺寸太大。

(2)根部開得太小。

(3)V 型凹槽的夾角太小。

假若所使用設計的條件均適當，而不當之接點穿透依然發生，其原因可能是：

(1)電極銲條太大。

(2)所使用電極有形成橫跨的傾向。

(3)異常的高移動速率。

(4)不適當的銲接電流。

如果設計者容許部分穿透的銲接，則上述這些考慮則變成次要的。

5-6 過熔低陷(undercut)(又稱之為銲蝕)

過熔低陷可分內部及外部兩種型式。外道銲接時，內部過熔低陷是指銲道端緣處之銲接槽的側壁被熔化，因而在側壁形成明顯凹痕，此凹痕位於下一銲道將熔解之處；外部的過熔低陷是指最後一道銲接到達平板表面時，在該處造成厚度的減小。圖 5.7 說明角銲時所發生之外部過熔低陷。

導致過熔低陷的原因是不當的銲接技術及過量的銲接電流或銲接速度所致。使用特定的電極，過量的電流，過度的電弧長度或者很高的銲接速度都可能有增加過熔低陷的趨勢。使用某類電極在某些情況下即使最熟練的技術員亦無法避免過熔低陷發生。雖然磁性吹弧也可能是個因素，但這些情況主要是與熔點的位置以及易近性(accessibility)有關。圖 5.8 所說明的是磁性吹弧及利用鋼塊控制情形。

過熔低陷會在熔解區的邊緣產生力學上的凹痕(mechanical notch)。假如是在規格範圍所容許之內，並且沒有產生明顯或很深的凹痕，則此銲接不連續是可以接受的。管子銲接的放射照片中，沿著銲接根部兩側所顯現出的過熔低陷也叫做車軌(wagon tracks)。

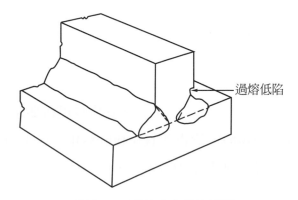

圖 5.7　T型接合之過熔低陷

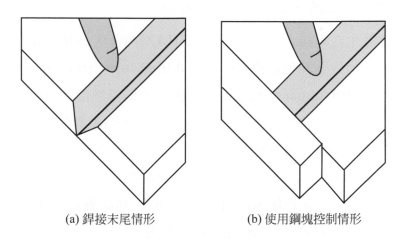

(a) 銲接末尾情形　　　　　(b) 使用鋼塊控制情形

圖 5.8　磁性吹弧(magnetic arc blow)

　　假如在下一道銲接之前，銲接槽的情形是已確立的，那麼銲接槽之側壁所產生的過熔低陷不會影響銲接之完整性。將過熔低陷的端緣磨去而開大銲槽的外廓則可以得到正確的狀況。

　　表面過熔低陷不允許超過 0.4mm(1/64in)，因為它會顯著地降低接點強度，尤其是疲勞強度。大部份的銲接都有某種程度的過熔低陷，例如電弧沖蝕(arc wash)，規格上亦認可此現象並且訂定其能容許之過熔低陷深度。

5-7　母材金屬的缺陷

並非所有銲接不連續(weld discontinuities)都是由不當的銲接方法造成，有許多情形歸因於母材本身不合乎某些規格要求，包括化學成份(chemical composition)、清潔度(cleanness)[夾層(lamination)或線狀物(stringers)]、表面狀況[銹皮(scale)、塗料(paint)或油污(oil)]、機械性質和尺寸。

5-7-1　母材龜裂與材質之關係

通常發生在銲接金屬的熱影響區(HAZ)內，大部屬於縱向，在粗晶粒情況下，加矽全淨低碳鋼(silicon-skilled low carbon steel)其熱影響區具有低衝擊值(impact energy)，若再給予低預熱溫度則裂縫很容易產生，倘若使用細晶粒加鋁全淨鋼(al-killed steel)預熱到約 95℃(200℉)將會消除裂縫問題。在受到高拘束力及低預熱溫度的銲接條件下，硬化性鋼(hardenable steel)的熱影響區也會出現裂縫。另外，銲接熱循環產生的冶金變化，包含銲接樺(welded joints)、熱影響區的硬度(hardness)和脆性(brittleness)亦是引起裂縫的主要因素。

當熱影響區溫度在 540℃(1000℉)以上或冷卻到 200℃(400℉)以下時，母材中靠近銲道處的裂縫會成長，高溫裂縫如果在冷卻前先暴露於 260℃(500℉)以下的空氣中，則它們的破壞表面將會出現特有的回火顏色(temper colors)或銹皮(scale)，合金鋼較碳鋼易發生上述情形，大部分的母材裂縫產生於室溫或接近室溫時，而且通常幾乎都在粗晶化的熱影響區中。

在低碳、中碳和低合金鋼中，硬度和可塑性與其屬於何種合金系

(group)有關，同時也受到從銲接產生之高溫冷卻下來的速率影響，冷卻速率很明顯地和下列幾項物理因素相關：

⑴　由銲接產生的溫度。

⑵　母材的溫度(是否預熱)。

⑶　母材厚度和熱傳導性(thermal conductivity)。

⑷　單位時間內在給定的銲接區域內所輸入的熱量。

⑸　周圍環境的溫度。

在固定冷卻速度下，中碳鋼比低碳鋼硬，低合金鋼的硬度則有較大變動範圍，某些類似低碳鋼，有些則近似中碳鋼。

高合金鋼須分別加以討論，因為這類包括沃斯田型(austenitic)和肥粒鐵型(ferritic)不銹鋼。麻田散型(martensitic)不銹鋼除了在固定冷卻速率下，比中碳和低合金鋼有較高硬度外，其他性質皆很相似。沃斯田型和肥粒鐵型不銹鐵的熱影響區有較低之衝擊值，但硬度不會改變，熱影響區常因暴露於高溫下而有嚴重的晶粒成長現象，沃斯田型不銹鋼在銲接過程中可能會出現敏感化(sensitized)情形，若再處於侵蝕性環境下則極易造成晶粒間裂縫(intergranular crack)。

　　延性通常隨著硬度增加而降低，母材的裂縫與熱影響區缺乏延性有關，但這不是一個完整的答案，因為有人發現對具有相同硬化能的同一種鋼，加予不同的熱量其龜裂的趨勢卻大不相同。此外銲條包覆物(electrode covering)之特性對熱影響區裂縫的產生，亦有重要作用。

　　硬化性鋼由於具有較高的拉伸性質，因此經常被使用。硬化性鋼(hard-enable steel)通常較難銲的原因有下列兩種：

1. 熱影響區的細微結構(microstructure)變化很大，造成冷卻速率的不同，使得機械性質有所差異。

2. 當碰到母材龜裂的情形，可以用下列方法改善之：

　(1)　利用預熱來控制冷卻速率。

　(2)　控制輸入之熱量。

　(3)　使用正確的電銲條(electrodes)。

　　圍繞銲接金屬的熱影響區(HAZ)，其輸入熱量之速率對裂縫有重要影響。特別是 HAZ 通過變態範圍時的冷卻速率，因其隨著加入熱量的增加而減慢。有一種合金鋼，當在$20°C(70°F)$以低輸入熱量$(600kJ/m$或$1500J/in)$來銲接時，裂縫會大量出現在受熱影響的母材中，檢驗人員應注意到，此種低輸入熱量普遍是應用在定位點銲接(tack welding)。這樣的銲接法被製造者廣泛地使用在預先把銲件固定於適當的排列位置，然後才施以主要的銲接。隨後的銲接工件是由遮蔽金屬電弧銲(SMAW)完成，一般輸入熱量以2至$4MJ/m(50,000$至$100,000J/in)$最常用。

　　含有0.31至0.36％碳和0.88至1.61％錳的鋼，當在$20°C(70°F)$下加入 $3MJ/m(70,000J/in)$的熱量來銲接，則會有許多銲道底部裂縫(underbead cracks)出現。依據一般經驗，輸入熱量愈多就越不易產生銲道底部裂縫，某些對裂縫敏感(cracksensitive)的鋼，我們已經知道在輸入多少熱量以上，它們將不會產生裂縫。

5-7-2　夾層(lamination)與分層(delamination)

　　銲接夾層呈薄層狀，通常為母材不連續的延伸，出現在滾壓製品之厚度中央區域，鑄錠(ingot)、收縮孔(shrinkage cavity)中的氣孔，鑄縮管(pip)和氣泡，經過滾壓輾平後由於壓力不足將其銲合，將會形成夾層的現象。因加工而延伸及產生方向性的偏析帶(segregation band)、夾渣(inclusion)和細縫(seam)均有可能造成夾層，它們平行於滾壓製品表面，而最常在結構型鋼和板中發現，由於它們裂開時像一個三明治，因此金屬若含有夾層，則無法可靠地承受通過板厚(through-thickness)方面的應力。圖5.9顯示滾壓鋼中的夾層。

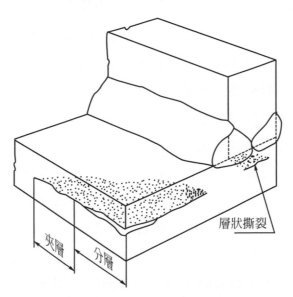

層狀撕裂

夾層　分層

圖5.9　填角銲中的夾層、分層和層狀撕裂

　　鋼中的夾渣和夾層是一個較次要的銲接裂縫和氣孔來源。但若出現氧化鐵(iron oxide)及硫化鐵(iron sulfide)夾渣時，由於它們的熔解度隨著溫度而改變且易於在晶界析出，因此對銲件頗危險。況且夾渣會造成

材料的低延性，裂縫和孔隙等現象。

　　夾層在應力作用下分隔開來即產生分層，而這些應力可能來自於火焰切割(flame cutting)的變形、銲接殘留應力(residual stress)或是外加應力等。當夾層延伸至銲接樺時，即有強烈的分開趨勢而變成分層，如圖 5.9 所示。

　　接縫(seams)和堆疊(laps)是縱向的母材不連續，常發生在滾壓製產品中。當此種不連續平行於主應力或殘留應力時，則會繼續傳播而成為裂縫，在接縫和堆疊之上銲接亦會引起龜裂。

5-7-3　層狀撕裂(lamellar tearing)

　　大型厚壁結構件，在銲接過程中會沿鋼板的厚度方向出現較大的拉伸應力，如果鋼中包含較多的雜質，將會在沿鋼板滾軋方向出現一種階梯狀的裂紋，一般稱為層狀撕裂。層狀撕裂常出現在 T 型接頭、角接頭和十字接頭，如圖 5.10 顯示。其中對接接頭較少出現，僅在銲道根部會經由冷裂誘發出現層狀撕裂。

　　一般層狀撕裂發生於厚板結構銲接時，在強制拘束條件下，銲道縮收時會在母材厚度方向產生很大的拉伸應力和應變，當應變超過母材的塑性變形能力時(沿板厚方向)，雜質與金屬基地間就會發生分離而產生裂縫，應力條件持續作用下，裂紋沿著雜質所在平面進行擴展，形成小平台狀裂紋。這種平台可能多處發生，同時在相鄰兩平台間，由於不在同一平面上而發生剪切應力，造成剪切斷裂，形成所謂"剪切壁"。連接這些平台和剪切壁，即構成層狀撕裂所特有的階梯形態。

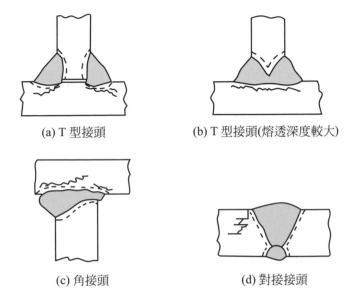

(a) T 型接頭　　　　　　　　(b) T 型接頭(熔透深度較大)

(c) 角接頭　　　　　　　　(d) 對接接頭

圖 5.10　各種接頭的層狀撕裂

▌ 習 題

1. 以潛弧銲為例，產生氣孔、裂縫、夾渣缺陷之可能原因各為何？

2. 繪圖說明裂縫之種類？並說明裂縫可能產生之危害？

3. 不完全熔融有那些形式？繪圖說明之？

4. 試比較冷裂與熱裂之異同？

5. 說明銲蝕、堆搭產生之原因及其防範對策？

6. 常見銲接母材之缺陷有那些？

6

WELDING

特殊鋼及鑄鐵之銲接性

6-1 高強度低合金鋼

對於正常化狀態的碳鋼，增加碳含量可以提高抗拉強度與硬度，但卻會降低其銲接性，導致銲後易生脆裂的現象。因此，我們只能借助調整鋼材的組成，而不能一味地增加鋼材中的碳含量，提昇鋼材的抗拉強度。

高強度低合金鋼(high-strength low alloy steels，簡稱HSLA鋼)，乃是為了同時具有良好的機械性質與可銲性，而在低碳鋼中添加少量合金元素的構造用鋼材。目前正廣泛地使用於船舶、車輛、壓力容器、橋樑等大型構造物。

6-1-1 高強度低合金鋼之分類與特性

初期的 HSLA 鋼，是將特殊元素固溶在鋼內使組織內的肥粒鐵強化，以改變鋼的機械性質。但是，單靠調整鋼材的組成，很難大量提高鋼材的強度，而且使用昂貴的添加元素在經濟上也不利。所以隨著HSLA的使用範圍日廣，為了適應各種使用情況或要求，目前已發展出各種系統的鋼料，見表6.1。

1. 依使用目的與性質來分，HSLA鋼可分成A、B兩大類。A類是具有高強度與優良銲接性；B類具有高強度與耐蝕性。

   (1) A類HSLA鋼：

   本系列鋼材含有釩(V)，鈮(Nb)、氮(N)等促進晶粒細化與析出硬化的元素，因此其降伏強度高；缺口韌性(notch toughness)較普通碳鋼佳，尤其是銲接性十分優良。

   ASTM 的規範中，典型的 A 類 HSLA 鋼有作為構造用途的 A441、A572、A633；有作為壓力容器的 A225，A737 等。

表 6.1　高強度低合金鋼之特性與可供用途

ASTM	名稱	合金元素	特殊性質	可供用途
A225	壓力容槽槽板、錳－釩－鎳合金鋼	V、Ni、Si	兩種等級鋼料降伏強度至70ksi	主要用途在製造器內壁堆樣之壓力容槽。
A242	HSLA結構鋼	Cr、Cu、N、Ni、Si、Ti、V、Zr	大氣中抗鏽蝕力較碳鋼大四倍	製造各種結構、鉚接、銲接結構架之用
A302	壓力容槽槽板、錳鉬及錳鉬鎳	Mo、Ni、Si	四種等級鋼料降伏強度至100ksi	銲接鍋爐及其他壓力容槽
A441	HSLA結構鋼、錳－釩鋼	V、Cu、Si	大氣中抗鏽蝕力較碳鋼大兩倍	可供製造銲接、鉚接、螺接構架，但主要用途在銲接構架及建築物構架。
A537	壓力容槽槽板、熱處理碳－錳－釩鋼	Cu、Ni、Cr、Mo、Si	一種等級鋼料降伏強度至50ksi	銲接壓力容槽橋樑及建築構架
A572	HSLA鈮－釩鋼、結構鋼級	Nb、V、N	六種等級鋼料降伏強度至42～65ksi	可供銲接、螺接或鉚接構架，但主要用途為螺接或鉚接橋樑與建築物之用
A588	HSLA結構鋼並在4吋最低降伏強度為50ksi	Nb、V、Cr、Ni、Mo、Cu、Si、Ti、Zr	大氣中抗鏽蝕力較碳鋼大四倍，九種等級鋼料具有相同強度	可供製造銲接、鉚接、螺接構架，尤其對其重量輕及重量輕之考量項受重視者。
A606	薄皮或條帶、熱軋或冷軋HSLA抗鏽力經改善者	未經規定	大氣中抗鏽蝕力較碳鋼大二倍(第四種)	構架或其他目的之用途，而對減輕重量與增加耐力方面頗受重視者。
A607	熱軋或冷軋之鋼之皮或帶，HSLA含鈮及/或釩鋼	Nb、V、N、Cu	大氣中抗鏽蝕力較碳鋼大兩倍。六種等級鋼料降伏強度為45-75ksi	構架或其他目的之用途，而對其需要較大強度及減輕重量頗受重視之處。
A618	HSLA無縫鋼管管架、加熱加形銲接者	Nb、V、Si、Cu	三種等級鋼料具有相同之一降伏強度較碳鋼大兩倍	一般結構使用，包括銲接、銲接或鉚接之橋樑及建築。
A633	正常化HSLA結構鋼	Nb、V、Cr、Ni、Mo、Cu、N、Si	增加缺口強度、五種等級鋼料降伏強度42至60ksi	銲接、螺接構架，使用在溫度低至－50°F情況下者。
A656	HSLA熱軋結構鋼鋁－鋁合金鋼氮與鈦－鋁合金鋼	V、Al、N、Ti、Si	降伏強度80ksi	貨車架、托架、吊架、鐵軌車輛及其他使用者重量減輕而頗受重視之考量者。
A662	壓力容槽槽板及低碳含量	未經規定	三種等級鋼料具有降伏強度90ksi	壓力容槽銲接，而低溫缺口韌度經加改善者
A690	HSLA型鋼及海上使用鋼板製成型鋼	Ni、Cu、Si	鉛上結構海水接觸地區，抗鏽蝕力較碳鋼約大四倍	鋼板、海線下船塢鋼板、船體鋼塊、溝樑及在海水中之結構件等
A709	橋樑使用結構鋼	Nb、V、Ti、Al	大氣中能抗鏽蝕力較碳鋼約大四倍	一般結構使用，包括銲接橋樑在內。
A715	鋼板、鋼帶、熱軋、HSLA成型性經加改善者	Nb、V、Cr、Mo、N、Si、Ti、Zr、B	四種等級鋼料強度為50至80ksi	成型性有顯著改善者
A373	壓力容槽槽板	V、Nb、Si、N	兩種等級鋼料具有降伏強度60ksi	銲接壓力容槽及管路配件。

(2) B類HSLA鋼：本系列鋼材含有銅(Cu)、磷(P)、鎳(Ni)、鉻(Cr)、矽(Sr)等防蝕性的元素，所以防蝕力與降伏強度皆較普通碳鋼高。另外，B 類 HSLA 鋼也是具有相當好的低溫缺口韌性，一般常將 B 類 HSLA 鋼再細分成：

① 耐候性優良的耐候性高強度鋼；

② 低溫缺口韌性優良的低溫用鋼。

　　在 ASTM 的規範中，典型的耐候性高強度鋼具有 A242、A588、低溫用鋼則是 A203、A353。

2. 若依熱處理方法來區分，HSLA 鋼可分成非調質鋼與調質鋼。

(1) 非調質鋼：此類鋼材(含碳量低於 0.17 %)，係利用添加特殊合金元素在肥粒鐵基地內，形成固溶體而產生強化的效果。但是，因未經過特殊的熱處理，因此強度有限。通常用於軋延或正常化狀態。

(2) 調質鋼：此類鋼材(含碳量低於 0.28 %)，是屬於熱處理型鋼種，其通常在水淬後再於 600℃ 左右回火而後使用，因為經過熱處理且碳含量較高，所以強度比非調質鋼高。

6-1-2　高強度低合金鋼之銲接問題

　　一般，HSLA 鋼的含碳量很低，故較具有相同強度的高含碳量來得容易銲接。因為碳含量愈高，銲後易形成硬脆的組織，導致破裂的生成。因此，若 HSLA 鋼的碳、錳含量超過某一限量，則銲接時須要預熱或採用低氫銲接法。低氫銲接法對於需熱處理的 HSLA 鋼尤為重要。

1. 合金元素的影響

　　HSLA 鋼中所含的合金元素對於銲件機械性質影響很大，因為合金元素提高 HSLA 鋼的硬化能(hardenability)，而硬化能愈高，鋼的變態愈緩慢。因此，即使在較慢的冷速下也可以得硬脆的麻田散鐵組織，使得銲接處的延性、韌性皆降低。若施以預熱或後熱，便可緩和此種現象，參考表6.2。

　　依國際銲接學會(IIW)的規範，認為銲接處的最高硬度若低於 Hv350，則表示銲接性良好，銲後可得完善的效果。一般而言，熱影響區之最高硬度在Hv300～Hv400以上時，就不再具有延性，但鋼種不同時會有差異。

表6.2　高強度低合金鋼的銲後熱處理建議溫度

ASTM 規格	溫度範圍°F
A203 A225 A302 A441 A572 A588 A633 A737	1100-1250
A204	1150-1350
A353	1025-1085
A710	1100-1200
A735 A736	1000-1200

2.　銲道底部龜裂(underbead cracking)

　　此種現象是由下列原因造成：

⑴　熔填金屬內含有過量的氫分子。

⑵　沃斯田鐵變成麻田散鐵時的相變態應力。

(3) 銲後的收縮應力。

若選用低氫系銲條，將可避免此種龜裂現象。

3. 銲珠表面龜裂

銲珠表面龜裂起因於冷卻時之收縮，常發生在收縮時應力集中之處。防止方法：

(1) 預熱。

(2) 增加銲接入熱(heat input)。

(3) 用低氫系銲條。

(4) 用沃斯田鐵系銲條，銲後立即施以後熱。

4. 凹痕韌性及低溫脆化(cold crack)：

HSLA鋼較一般造用碳鋼有較大的凹痕敏感性。在銲接構造物中，若存在殘留應力、氣泡、夾渣、過溶低陷(undercut)和熔入不足等，皆會造成應力集中現象，而發生龜裂，故鋼材之凹痕韌性，是銲接技術上一項重要問題。

HSLA鋼的顯微組織對凹痕韌性也有影響。一般軋延用HSLA鋼有如下的特性：

(1) 晶粒較細者，凹痕韌性較佳；(在鋼中加入微量的 Al、Ti 或 Zr 均能細化晶粒而改善其凹痕韌性)。

(2) 厚板的凹痕韌性較薄板差(因厚板晶粒較粗)。

至於熱處理型HSLA鋼，其延性與韌性乃隨著回火麻田散鐵之顯微組織而變化，故需控制銲接入熱及預熱溫度，使銲接處之冷卻速率恰可產生所欲的金相組織。因為大量的熱輸入量與緩慢的冷卻速度，皆易形成波來鐵和肥粒鐵組織，而降低凹痕韌性。所以銲接此類熱處理型的HSLA鋼時，若欲有較理想的結果，則需將鋼板厚限度在1/2in以下。

6-1-3　高強度低合金鋼之銲接方法

銲接 HSLA 鋼的方法很多，但一般最常用的銲接方法為：

(1)　包覆電弧銲接(shielded metal arc welding)。

(2)　潛弧銲接(submerged arc welding)。

(3)　氣體遮蔽式電弧銲接(gas shielded arc welding)。

(4)　電熔渣銲接(electro slag welding)。

在選擇銲接方法時，應一併考慮：

(1)　HSLA 鋼的種類(特別是強度，調質型式或非調質型之別)。

(2)　板厚。

(3)　構造物之使用目的(負荷的程度、缺口韌性、耐蝕性、氣密性、高溫性能等)。

(4)　施工的難易。

(5)　經濟性等問題。

1.　包覆電弧銲接

此法廣泛使用於 HSLA 鋼的銲接。銲接機分直流(DC)和交流(AC)兩種，但一般採用交流機者較多。這是因為交流機具有：便宜、效率佳、保養方便及容易等優點。

銲接HSLA鋼常用低氫系銲條。其優點在於使銲接處有良好的機械性質(特別是缺口韌性)，以及容易防止銲接破裂。不過，低氫系銲條的熔填金屬通常成滴狀，而短路移行(short circuit transfer)，使得電弧不太穩定。特別是剛開始起弧時，因銲條、母材均在冷淬狀態入熱不足，電弧不安定，銲接金屬的起始部份容易發生氣孔等缺陷。故部份的交流機在剛起弧的1～2秒間，能夠通過大電流，增強加熱能力。

為了防止氣孔的發生，有人嘗試將心線(core wire)前端細加工，或塗上易使電流通過的藥品，還有人開發出雙重包覆低氫系銲條及改善作業環境等方法。

在防止低溫破裂現象方面，需將熔填金屬的氫氣含量抑制在界限值以下，但防裂的界限氫氣含量因鋼材強度而異，強度愈大愈須抑制為低值。JIS所定標準，對HT60為2-4cc/100gr，對HT80為1cc/100gr，但限制氫氣含量也因預熱溫度而大有不同。使用低氫系銲條時，乾燥特別重要。使用前應充分乾燥，乾燥後儘速在短時間內使用。(參考表6.3)。

表6.3　使用低氫銲接步驟的ASTM高強度低合金構造用鋼，其最低預熱與中間過程溫度

ASTM 鋼	厚度(吋)	最低溫度(°F)
A242 A441 A572，Cr 42，50 A588 A633，Cr A，B，C，D	Up to 0.75 0.81 to 1.50 1.56 to 2.50 Over 2.50	32 50 150 225
A572，Cr 60，65 A633，Cr E	Up to 0.75 0.81 to 1.50 1.56 to 2.50 Over 2.50	50 150 225 300

表6.4　潛弧銲接用的心線與電流範圍

直徑	[in]	3/32	1/8	5/32	3/16	1/4	5/16	3/8	1/2
	[mm]	2.4	3.2	4.0	4.8	6.4	7.9	9.5	12.7
銲接電流範圍〔A〕		120～350	220～550	340～750	400～950	600～1600	1000～2200	1500～3400	2000～4800

2. 潛弧銲接

此銲接法常用於較長直線、圓周向下或水平塡角等情況下的自動銲接。銲接機常用定電流特性的交流銲接機，但有時也用定電壓特性的單極式直流銲接機。至於，潛弧銲接的心線一般則採用 Mn-Mo 系。

表 6.4 為潛弧銲接用心線直徑和銲接電流範圍的關係。銲接電流也與助熔劑粒度有關，通常小電流時用粗粒，大電流時用細粒。

3. 氣體遮蔽式電弧銲接

氬氣電弧銲接有 TIG 法與 MIG 法。TIG 法用於 0.6～3mm 厚的薄板，MIG 法用於約 3mm 以上的板，不需要包覆劑及助熔劑，全位置銲接效率高，銲接處的品質優良。但因氬氣昂貴，平常 HSLA 鋼多採用二氧化碳電弧銲接，不過對特別要求缺口韌性的 HSLA 鋼($100kg/mm^2$)仍用 TIG 銲接。MIG 銲接的遮蔽氣體用氬氣或再加 1～5 ％氧氣。

二氧化碳電弧銲接的電流，通常用直流的定電壓(constant voltage)或上升電壓(rising voltage)特性，但加助熔劑的心線－CO_2法可用交流或直流，使用下降電壓(dropping voltage)特性或定電流特性。短路移行是在直流逆極性的上昇特性，或定電壓特性的電源回路中介入適當的電阻，短路時也有適當的電流，因而短路移行電弧時的銲接條件，異於一般大電流深熔透率時的銲接條件。表 6.5 為各種二氧化碳電弧銲接的裸心線及加助熔劑的心線徑的使用電流範圍。

4. 電熔渣銲接

電熔渣法乃板厚 30mm～500mm 的厚板鐵鋼材料新革命性的銲接法。此法特色是高效率，經濟地銲接超厚板，缺點是銲接處的缺口韌性低，不適於低溫環境下使用。構造用的 HSLA 鋼，有時為了刻意提高缺口韌性而賦予超音波振動的方法，或高週波的熱處理法或強制控制銲接熱循環的方法等。

電熔渣銲接法用的心線分類為裸心線和加助熔劑的心線兩種。潛弧銲接所用心線及助熔劑大都可通用，但在電熔渣銲接中，因不發生電弧，主要係利用熔融溶渣的電阻熱銲接，所以此法用的助熔劑必須是電熔發生傾向少於CaF_2或高沸點的 MgO、CaO 及 Al_2O_3。

表 6.5　各種二氧化碳電弧銲接的電流範圍

二氧化碳電弧銲接法	心線徑 [mm 或 in]	使用電流範圍 [A]	短路移行的電流範圍 [A]
CO_2法或CO_2-O_2法 (直流反極性)	0.8 1.0 1.2 1.6 2.0 2.4	60～200 80～300 100～400 250～700 300～900 500～1500	40～130 50～160 80～250 130～300 160～350 —
union 電弧法 (直流反極性)	3/64″ (1.2) 1/16″ (1.6) 3/32″ (2.4)	100～300 200～400 350～500	— — —
加助溶劑的心線-CO_2法 (交流或直流反極性)	3.2	350～500	—

6-1-4　高強度低合金鋼銲條之選擇

HSLA鋼銲接時，所生熱影響區之硬化與龜裂如前述，但若有多量氫氣溶入時則更危險。一般氫氣的來源，可能是來自銲接時空氣中的水分，或者是銲條、母材的表面所殘留的。對增強熔填金屬之凹痕韌性而言，HSLA鋼之銲接，務必採用低氫系銲條。現今已有超低氫銲條之製造，其含氫量可低於 1.5cc/100g。應用低氫銲條銲接時，務必充分乾燥。

表 6.6 列出適於高強度結構鋼與 HSLA 鋼的包覆電弧銲接的銲條組成。表 6.7 列出高強度結構鋼與 HSLA 鋼，分別以碳鋼及低合金鋼的包覆銲線銲接的機械性質。

表6.6　高強度結構鋼與高強度低合金鋼包藥銲線所需之組合成分表

AWS 分類	化學成分，% (a)										
	C	Mn	P	S	Si	Ni	Cr	Mo	V	Al(b)	Cu
碳鉬鋼銲線 E70T5-A1, E80T1-A1, E81T1-A1	0.12	1.25	0.03	0.03	0.08	...	...	0.40-0.65	...	...	...
鉻鉬鋼銲線 E81T1-B1	0.12	1.25	0.03	0.03	0.08	...	0.40-0.65	0.40-0.65	...	...	...
E80T5-B2L	0.05	1.25	0.03	0.03	0.08	...	1.00-1.50	0.40-0.65	...	...	...
E80T1, B2, E81T1-B2, E80T5-B2	0.12	1.25	0.03	0.03	0.08	...	1.00-1.50	0.40-0.65	...	...	...
E80T1-B2H	0.10-0.15	1.25	0.03	0.03	0.08	...	1.00-1.50	0.40-0.65	...	...	...
E90T1-B3L	0.05	1.25	0.03	0.03	0.08	...	2.00-2.50	0.90-1.20	...	...	...
E90T1-B3, E91T1-B3, E90T5-B3, E100T1-B3	0.12	1.25	0.03	0.03	0.08	...	2.00-2.50	0.90-1.20	...	...	...
E90T1-B3H	0.10-0.15	1.25	0.03	0.03	0.08	...	2.00-2.50	0.90-1.20	...	...	...
鎳鋼銲線 E71T8-Ni1, E80T1-Ni1, E81T1-Ni1, E81T5-Ni1	0.12	0.50	0.03	0.03	0.80	0.80-1.10	0.15	0.35	0.05	1.8	...
E71T8-Ni2, E80T1-Ni2, E81T1-Ni2, E80T5-Ni2, E90T1-Ni2, E91T1-Ni2	0.12	0.50	0.03	0.03	0.80	1.75-2.75	...	...	...	1.8	...
E80T5-Ni3, E90T5-Ni3	0.12	0.50	0.03	0.03	0.80	2.75-3.75	...	...	...	...	...

表 6.7　高強度結構鋼及 HSLA 鋼以碳鋼及低合金鋼之包藥銲線銲接
　　　　所需之機械性質

AWS 分類	抗拉強度範圍 ksi	降伏強度(0.2 %橫距) 最小，ksi	伸長率(2 吋試棒) 最小，%
E6XTX-X	60-80	50	22
E7XTX-X	70-90	58	20
E8XTX-X	80-100	68	19
E9XTX-X	90-110	78	17
E10XT-X	100-120	88	16
E11XT-X	110-130	98	15
E12XT-X	120-140	108	14
EXXXTX-G	性質由供售雙方協定		
說明：若銲線使用時有氣體蔽護者，則性質受氣體影響致有變異。 　　　(EXXTI-X 及 EXXT5-X)			

表 6.8 列出高壓容器用 HSLA 鋼的包覆電弧銲接。

表 6.9 表示以 MIG 來銲接 HSLA 鋼，其熔填金屬的機械性質。

表 6.8　高壓容器用 HSLA 鋼的包覆電弧銲的適用銲條

ASTM 鋼	AWS 規格	銲條種類	熔填金屬組成(%)
A203GrA，B GrC，D	A5.5-81	E80XX-C1 E80XX-C2	2.5Ni 3.5Ni
A204GrA，B GrC	A5.5-81	E70XX-A1 E70XX-A2	0.5Mo 1.25Cr-0.5Mo
A225GrC GrD	A5.5-81	E120XX-M E100XX-M	1.8Mn-2.1Ni-0.7Cr-0.4Mo 1.2Mn-1.8Ni-0.3Cr-0.4Mo
A302GrA，B GrC，D	A5.5-81	E90XX-D1 E100XX-D2	1.5Mn-0.4Mo 1.75Mn-0.4Mo
A353	A5.11-76 A5.4-78	ENiCrFe-2 ENiCrMo-3 E310	70Ni-15Cr-12Fe 55Ni-22Cr-9Mo 25Cr-20Ni

表 6.9　MIG 銲接銲線熔填金屬之機械性質

AWS 分類	蔽護氣體	電流及極性	最小抗拉強度, ksi	最小降伏強度 (0.2%橫距), ksi	伸長率(2吋試棒) 最低%	熱處理情況	需要最少之衝擊性能, 呎-磅
ER70S-2...........CO₂(a)	DCRP	72(b)	60(b)	22	銲後未處理	在－20°F時 20
ER70X-3...........CO₂(a)	DCRP	72(b)	60(b)	22	銲後未處理	在 0°F時 20
ER70S-4...........CO₂(a)	DCRP	72(b)	60(b)	22	銲後未處理	不需要
ER70S-5...........CO₂(a)	DCRP	72(b)	60(b)	22	銲後未處理	不需要
ER70S-6...........CO₂(a)	DCRP	72(b)	60(b)	22	銲後未處理	在－20°F時 20(a)
ER70S-7...........CO₂(a)	DCRP	72(b)	60(b)	22	銲後未處理	在－20°F時 20
ER70S-G...........(c)	DCRP	72(b)	60(b)	22	銲後未處理	(c)
ER80S-Ni1.........氬＋1至5%氧	DCRP	80	68(b)	24	銲後未處理	在－50°F時 20
ER80S-Ni2.........氬＋1至5%氧	DCRP	80	68(b)	24	PWHT(d)	在－80°F時 20
ER80S-Ni3.........氬＋1至5%氧	DCRP	80	68(b)	24	PWHT(d)	在－100°F時 20
ER80S-D2..........CO₂	DCRP	80	68(b)	17	PWHT(d)	在－20°F時 20
ER100S-1..........氬＋2%氧	DCRP	100	88-102	16	銲後未處理	在－20°F時 20(b)
ER100S-2..........氬＋2%氧	DCRP	100	88-102	16	銲後未處理	在－60°F時 50
ER110S-1..........氬＋2%氧	DCRP	110	95-107	15	銲後未處理	在－60°F時 50
ER120S-1..........氬＋2%氧	DCRP	120	105-122	14	銲後未處理	在－60°F時 50
ERXXS-G...........(c)	DCRP	(e)	(c)	(c)	銲後未處理	(c)
EXXC-G............(c)	DCRP	(e)	(c)	(c)	銲後未處理	(c)

說明：(a)使用之銲線為分類之目的，以氫、二氧化碳或氬、氫-氧混合氣蔽護亦無不可。
　　　(b)銲後未另處理之衝擊性質。
　　　(c)供售售雙方協定。
　　　(d)銲後熱處理，依照規範 AWSA5-28-79。
　　　(e)張力強度應與字尾 "E" 或 "ER" 所示數字相符，如 ER90S-G 即有 90ksi 之最小極限張力強度。

　　表6.10表示HSLA鋼的銲條與銲接姿勢，銲接電流的關係。

　　表6.11表示銲接構造用HSLA鋼時，各種銲接方法與銲條的相對關係。

表 6.10　HSLA 鋼的銲條種類

銲條種類	包覆劑系統	銲接姿勢	使用電流種類
D 5001	鈦鐵礦系	F，V，OH，H	AC 或 DC(±)
D 5003	Lime titania 系	F，V，OH，H	AC 或 DC(±)
D 5016 D 5316 D 5816	低氫系	F，V，OH，H	AC 或 DC(±)
D 5026 D 5326 D 5826	鐵粉低氫系	F，H-Fil	AC 或 DC(±)
D 5000 D 5300	特殊系	F，V，OH，H， H-Fil 或任一姿勢	AC 或 DC(±)

表 6.11　銲接構造用 HSLA 鋼的適用銲條

ASTM 鋼	銲接方法			
	包覆電弧銲	潛弧銲	MIG	包藥銲
A242[a] A441 A572，42 級 A588[a](4 吋含以下) A633,A,B,C,D 級 (2.5 吋含以下)	E7015 E7016 E7018 E7028	E7XX-EXXX	ER70S-X	E7XT-1 E7XT-4，5， 6，7，or 8 E7XT-11 E7XT-G
A572,60,65 級 A633,E 級	E8015-XX E8016-XX E8018-XX	F8XX-EXXX[b]	ER80S-XX[b]	E8XTX-XX[b]

a：為了大氣腐蝕和耐候性或是良好缺口韌性，必須選用特別銲接步驟或另一種金屬，像 E80XX-XX 包覆銲條。

b：橋樑應用時熔填金屬的 charpy V 槽衝擊值在 0°F的小小值為 20 呎-磅。

6-2　耐熱鋼

　　隨著工業的發達，使用在高溫部份的機械也漸漸地增多。如使用在高溫高壓鍋爐、石化工業、合成化學工業、火力發電廠及航空工業等所用的各種裝置，均在高溫操作環境。這些機械的改進，有賴於鋼在高溫性質的改良。

　　目前一般的軟鋼或碳鋼就高溫性質而言，其使用溫度大致以400～450℃為限。在更高溫下，如要達到較優良的性質，則需添一些合金元素，如Cr、Mo、W等以改善其高溫強度。

　　由於添加的合金元素有較高熔點和活性，在大氣中易和氧、氮等起反應，或者這些元素和基地中的碳元素結合，因而降低了合金元素的作用。同時也減少耐熱鋼的壽命，甚至無法達到鋼材預定的強度。因而在鋼材熔接加工時，需要適當的可銲性以及高度的技術及可靠性。

6-2-1　耐熱鋼之分類

　　目前耐熱鋼主要用於鍋爐。

　　耐熱鋼的分類有二：

(1)　第一種為依組成相而區分，如沃斯田鐵系及肥粒鐵系。

(2)　第二種為依組成元素分類，如 Cr 系、Mo 系、Cr-Mo 系、Ni-Cr 系、Ni-Cr-Mo 系、Ni 系等等。

6-2-2　耐熱鋼之特性

1.　具有高溫的耐氧化性及耐蝕性

　　耐氧化性主要受氣氛氣體性質以及氣體流速影響。其溫度使用界限如表 6.12 所示。

表 6.12　各種耐熱鋼的使用溫度

材質		溫度℃	材質	溫度℃
碳	鋼	500～550	9 Cr-1 Mo　　　鋼	700～750
1/2 Mo	鋼	500～550	13 Cr，18 Mo	750～800
1 Cr-1/2 Mo	鋼	550～600	18-8，18-8 Mo	850～900
2 1/4 Cr-1 Mo	鋼	600～650	25 Cr	1050～1100
5 Cr-1/2 Mo	鋼	650～750	25 Cr-12 Ni	1050～1100
7 Cr-1/2 Mo	鋼	650～700	25 Cr-20 Ni-Si	1100～1200

2.　具有高溫高強度

通常以 400℃ 以上耐用 20 年的潛變強度、破斷強度或時效降伏等爲基本。設計上，則以 10^5 小時的潛變強度或破斷強度爲基礎。

3.　具有對高溫長時間加熱的安定性

由於鋼材在高溫及應力作用下會引起組織變化，造成脆化現象和石墨化等性質變動。因此，耐熱鋼必須具有相當的高溫安定性。

4.　具有常溫和高溫的加工性及銲接性

耐熱鋼材料製作機器構造物時，一定要施行彎曲加工，鍛造加工或壓延加工。因此，耐熱鋼不論有多優良的性質，加工性不良的話，就不能供實用。在此意義下，加工性乃材料選擇的重要因子，耐熱鋼通常用含碳量低的組成，且在最軟的狀態下使用。

銲接性與加工性也是材料選擇上的重要問題。因爲組織會因銲接時伴隨之熱量而有顯著變化，所以耐熱鋼材的銲接有很多問題。在施工時，須注意銲接法的選擇、銲接條件的設定等。

6-2-3　耐熱鋼之銲接問題

1. 碳鋼、Mo鋼其銲接處有石墨化現象。

2. 沃斯田鐵其銲接處有碳化物析出。

3. Cr-Mo鋼有碳擴散現象。

4. Fe-12％Ni-0.25Nb，有熱裂和熱影響機械性質差等問題，導致銲接性不良。

5. 沃斯田鐵熱裂之原因：

　⑴　銲件在980℃時，因收縮受到限制而產生應力。

　⑵　因為其膨脹係數較大。

　⑶　因為表面存在凹痕(如鍋爐管件有oxide notch)造成應力集中。

　⑷　因為有過量之磷和硫。

6. 因銲接，使得銲接處熱影響區(HAZ)硬度高且局部變化大，造成疲勞限降低。

7. 由於高低溫變化(開關機器)造成熱循環力，使銲接處斷裂。

6-2-4　耐熱鋼之銲接方法

1. 圖 6.1 為預熱溫度關係。由圖可知增高預熱，會降低銲接處附近的硬度，不過熱影響區的範圍會變大。因而預熱溫度約在200～350℃即可。

2. 耐熱鋼材料上在退火狀態使用，銲接後熱處理很重要，有助於：

　⑴　除去殘留應力。

　⑵　軟化熱影響區。

　⑶　改善高溫特性。

　⑷　提高潛變強度。

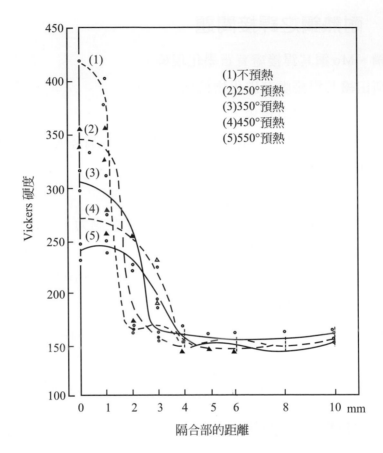

圖 6.1 預熱溫度與熱影響區硬度的關係(1Cr-0.3Mo 鋼)

3. 防止碳化物析出

(1) 固溶處理:因爲沃斯田鐵系,不會因爲溫度下降而產生相變化,所以可用此法來消除碳化物,但可能有變形問題。

(2) 採用超低碳量的不銹鋼因爲含碳量低,不易發生碳化物析出問題。

(3) 採用 Ti、Nb 安定的鋼材因 TiC、NbC 較易結合,可阻止碳化鉻形成。

4. 銲接時慎用銲條

可由 JIS，ASTM 規格得知，如(表 6.13)。

5. 選擇適當的銲接法

由表 6.14 可知包覆電弧銲接，最為常用。近年來新發展出來的雷射銲及電子束銲接，亦可用於較薄的銲件上。

表 6.13　耐熱鋼的選用銲條種別一覽表

母材鋼種	銲條種類	JIS 規格	ASTM 規格
0.5Mo 鋼	0.5Mo 鋼	DT1216	E7015 − A1 E7016 − A1 E7018 − A1
	0.5Cr-0.5Mo 鋼	−※※	E8013 − B1 E8015 − B1 E8016 − B1 E8018 − B1
1Cr-0.3Mo 鋼 1Cr-0.5Mo 鋼	0.25Cr-0.5Mo 鋼	DT2313 DT2315 DT2316 DT2318	E8013 − B2 E8015 − B2 E8016 − B2 E8018 − B2
1.25Cr-0.5Mo 鋼	1.25Cr-0.5Mo 鋼	DT2313 DT2315 DT2316 DT2318	E8015 − B2 E8013 − B2 E8015 − B2 E8016 − B2 E8018 − B2
2.25Cr-1Mo 鋼	2.25Cr-0.5Mo 鋼	DT2413 DT2415 DT2416 DT2418	E9015 − B3 E9015 − B3 E9016 − B3 E9018 − B3
5Cr-0.5Mo 鋼	5Cr-0.5Mo 鋼	−※※	E502 − 15 E502 − 15
7Cr-0.5Mo 鋼	7Cr-0.5Mo 鋼	−※※	−※※
9Cr-1Mo 鋼	9Cr-1Mo 鋼	−※※	−※※

※※：尚無規格，但已工業化。

表 6.14　耐熱鋼的適用銲接法一覽表

銲接法　材　料	銲接						
	氧氣、乙炔銲接	包覆電弧銲接	惰性氣體電弧銲接	CO_2電弧銲接	潛弧銲接	電熔渣銲接	無氣體電弧銲接
碳鋼	◎	◎	○	◎	◎	◎	○
鉬鋼	◎	◎	◎	◎	○	◎	○
低 Cr-Mo 鋼	○	◎	◎	◎	◎	○	○
中 Cr-Mo 鋼	○	◎	○	○	○	○	×
高鉻鋼	△	○	○	○	△	×	×
18-8 不銹鋼	○	◎	◎	○	◎	△	◎
耐熱高合金鋼	△	◎	◎	○	△	×	○
高鎳合金	○	◎	◎	△	△	×	×
Ni-Cr-Mo	○	○	○	○	○	○	×
調質鋼鉻鋼	◎	◎	○	○	◎	◎	○

註：◎…適用良，○…適用可，△…很少使用，✕…不可

6-3　低溫用鋼

　　隨著近代產業的發達，材料低溫下的運用亦日漸普遍。例如：血漿的冷凍與乾燥需在－40℃以下；人造橡膠的製造需在－100℃以下；液化石油氣(LPG)與液態氮的貯藏、運送需在－ 200℃以下等。此種在低於常溫下使用的鋼材，稱爲低溫鋼(low-temperature service steels)。

　　低溫鋼最重要的特性是具有良好的缺口韌性，亦即對低溫變脆有極佳的抵抗力，使得鋼材在低溫下使用時，不會發生低溫脆化的現象。各種低溫用鋼的適用溫度，可參考圖6.2。

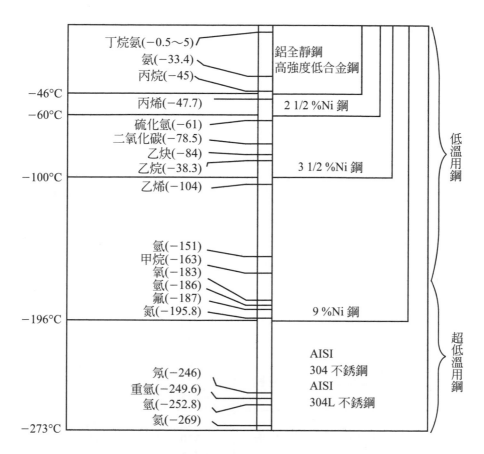

圖 6.2　各種液化氣體的沸點及使用對象鋼板

6-3-1　低溫用鋼的分類與特性

1.　鋁全靜鋼(Al killed steel)

　　低溫用鋁全靜鋼是在低碳Si-Mn鋼內添加Al，使晶粒細化後，再加以正常化或淬火、回火等熱處理，使得肥粒鐵與波來鐵組織更微細化。經正常化處理的鋁全靜鋼能耐−45℃的低溫；而經淬火、回火處理的鋁全靜鋼，可用到−60℃。

2. 高強度低合金鋼

　　高強度低合金鋼為了提高強度，而在低碳鋼中添加了少量合金元素，例如：Cr、Mo、Ni、V 等。其製造方法與低碳鋁全靜鋼差不多，強度高、也有優良的低溫性質和可銲性，是一種具有低溫韌性與高強度的商業用重要鋼材。

表 6.15　數種退火沃斯田型不銹鋼的室溫和低溫韌性

鋼	產品尺寸	溫度(°F)	吸收能量(呎-磅)
AISI 201 型	3/4 吋板	80 − 320	220 61
AISI 202 型	3/4 吋板	80 − 320 − 425	220 56 49
AISI 304 型	1/2 吋板	80 − 320 − 425	154 87 90
AISI 304L 型	3 1/2 吋板	80 − 320 − 425	118 67 67
AISI 310 型	3 1/2 吋板	80 − 320 − 425	142 89 86
AISI 347 型	3 1/2 吋板	80 − 320 − 425	120 66 57
USS Cryogenic TENELON	2 吋板	80 − 320 − 425	155 45 41

＊ Charpy 開 V 型槽衝擊試驗

3. 沃斯田鐵不銹鋼

　　沃斯田鐵不銹鋼乃是在碳鋼中，添加大量的 Cr 和 Ni 的面心立方晶體。因為具有極佳的低溫韌性、低溫高延展性與良好的抗蝕力等特性，是一種應用廣泛且優良的低溫用鋼。

表6.15顯示幾種沃斯田鐵不銹鋼,經退火處理後的低溫衝擊性質。由表中可知,在液態氫與液態氦的溫度時,這些鋼材仍具有不銹鋼的韌性。(註:麻田散鐵不銹鋼與肥粒鐵不銹鋼不適合在低溫下使用)。

4. 低鎳鋼

當在低碳鋼內添加 Ni,會使 charpy 衝擊值的變動曲線趨於緩和,且其轉移溫度(transition temperature)會向低溫側移動,如圖6.3。因為當 Ni 溶入肥粒鐵組織後,可增加其強度,並能防止晶粒粗化,使組織安定化。

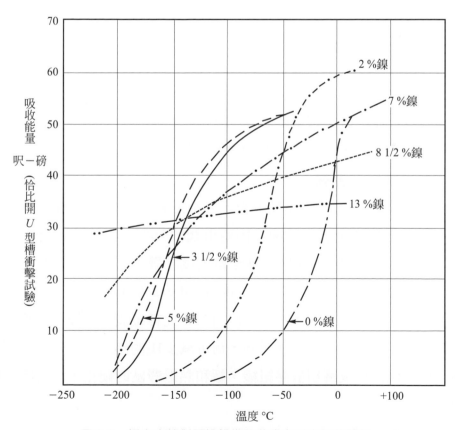

圖6.3　鋼中含鎳對開槽韌性的效應與溫度函數關係

在低鎳鋼中常用的有 2.5％鎳鋼與 3.5％鎳鋼。這是在低碳鋼內添加 Ni，而以正常化加退火處理，使其變為微細肥粒鐵加波來鐵組織。2.5％鎳鋼可以用到$-60℃$，3.5％Ni 鋼可以用到$-100℃$。

5.　9％鎳鋼

9％鎳鋼是在低碳鋼內添加 9％Ni 後，再施以兩次正常化、回火、或者淬火、回火處理，而得回火麻田散鐵和微量沃斯田鐵的混合組織。因此，具有十分優良的低溫缺口韌性，是除沃斯田鐵不銹鋼外，最常用的超低溫用鋼，使用溫度可達$-195℃$左右。

另外，9％鎳鋼的強度也較沃斯田鐵不銹鋼和 Al 全靜鋼高。

6-3-2　低溫用鋼的銲接問題

1.　鋁全靜鋼

鋁全靜鋼的銲接破裂敏感性(sensitivity)極低，但低於 0℃以下仍會有破裂的可能。因此，銲前必須做預熱處理。

2.　高強度低合金鋼

高強度低合金鋼的銲接破裂，大都是銲件冷卻到室溫後引起的冷裂，很少是熔填金屬在冷卻凝固時引起的熱裂。高強度低合金鋼的冷裂，通常在銲後 2～3 小時，甚至數天後才發生，主要原因是氫氣的擴散造成，此種破裂稱為延遲破裂(delayed cracking)。

銲接時若選用低氫系銲條，將可防止此種破裂的生成。因為，低氫系銲條除了低溫破裂感受性低外，尚可減少H_2的滲透量。另外，銲前預熱不僅可減少生成麻田散熱組織，緩和熱影響區的硬化，尚可降低H_2的吸收量。

3. 沃斯田鐵不銹鋼

(1) 敏感化(sensitization)：沃斯田鐵不銹鋼在650℃附近加熱時，鉻會與碳結合成高鉻含量的碳化物，而在沃斯田鐵晶界成網狀析出，使晶界附近的鉻含量下降。因此，耐蝕性與低溫韌性皆會顯著降低，此種現象稱為敏感化。為了防止碳化物的析出，銲後應再經固溶處理(加熱劑1025℃～1120℃後水冷)。

(2) σ相析出：沃斯田鐵不銹鋼在高溫(約500～900℃)長時間加熱後，會析出硬脆的σ相(sigma phase)，顯著降低韌性與延性。此種鋼材若在1050～1100℃間急冷，即可使σ相消失。

(3) 沃斯田鐵不銹鋼的熔填金屬可能會有破裂發生，此現象可藉增加銲道內肥粒鐵之含量解決。但是，沃斯田不銹鋼的低溫韌性受肥粒鐵含量的影響很大，增加肥粒鐵含量時衝擊值會大伏降低且出現脆化現象。因此銲條要盡量減少肥粒鐵量，但完全沃斯田鐵組織易引起熱裂，所以肥粒鐵含量也不宜低於4％以下。

(4) 銲後若經淬火、回火處理，在熱影響區，特別是熔融線(fusion line)附近，會產生晶粒粗化的現象，使韌性顯著下降，隨著銲接入熱量的增加，這種脆化現象更加明顯。

4. 低鎳鋼

(1) 添加Ni，雖可改善低溫缺口韌性，但也促使低溫鋼的CCT曲線往右移，參考圖6.4。因此，銲接時易生成麻田散鐵，而造成冷裂的現象。

(2) 添加Ni的鋼增加熱裂傾向，理由在生成融點極低的NiS，因而低Ni鋼中的S含量須少於普通的鐵。但目前低Ni鋼的銲接尚無熱裂的情形。

5. 9％鎳鋼

(1) 9％Ni鋼的硬化能高,易麻田散鐵化,所以熱影響區硬度高,最高硬度接近Hv 400。

(2) 9％Ni鋼用約含70％Ni的Inconed系銲條銲接後,以Y開槽破裂試驗,可得表6.16的結果。約20％破裂,全是銲接銲珠的銲疤或起動處的熱裂所造成,而未發生熱影響區的根裂,亦即儘管 9％ Ni 鋼的熱影響區為麻田散鐵組織,也不易發生起因於氫之冷裂,這是由於9％Ni鋼的熔填金屬成為沃斯田鐵組織,對氫氣的溶解度增大。

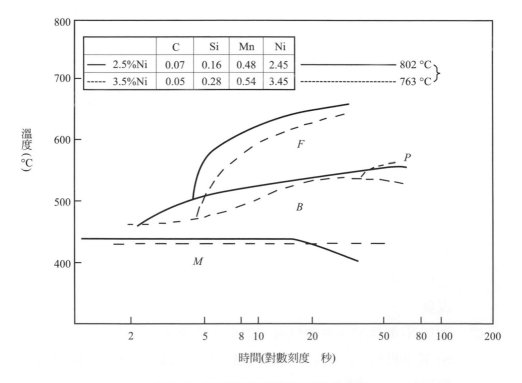

圖6.4 低Ni鋼的銲接用CCT曲線圖

表 6.16　y 開槽拘束破裂試驗結果(日本鋼管)

板厚 (mm)	試驗片番號	裏面破裂率 (%)	斷面破裂率 (%)	根裂率 (%)	破裂發生位置		破裂種類
25	1	6.4	7.8	9.1	起動	銲疤	高溫破裂
	2	7.9	7.8	3.9	—	銲疤	〃
	3	10.5	9.2	5.3	起動	銲疤	〃
	4	11.8	11.3	10.0	起動	銲疤	〃
	5	10.8	6.7	0	—	銲疤	〃
	6	20.0	15.0	5.5	起動	銲疤	〃

銲條　YAWATA WELD B (ϕ4mm)
電流　130A(A.C.)
銲接初期溫度 18℃

6-3-3　低溫鋼的銲接方法與銲條選用

1.　包覆電弧銲接

　　低溫用鋼的包覆電弧銲接用銲條，比起普通軟鋼等鋼材，需選用接頭強度大，特別是低溫衝擊值優良的銲條。各種低溫用鋼的適用銲條，可參考表 6.17。

　　表 6.18 為日本市售的各種低溫用鋼銲條的規格；表 6.19 為美國低溫用低 Ni 鋼的銲條規格。

(1)　鋁全靜鋼：低溫用鋁全靜鋼的包覆電弧銲條的成份，若與母材相同，亦即 "共金"，則熔填金屬的衝擊值不佳。所以，常用 Si-Mn 鋼用的 D5016 低氫系銲條或加 1.5 % 的低氫系銲條。

表 6.17 低溫用鋼別適用銲條種類

母材鋼種	適用銲條(ASTM 及 JIS 規格)		
2.5 % Ni 鋼 + 2.5 % Ni 鋼	E8016 － C1 E8015 － C1 E8018 － C1		
3.5 % Ni 鋼 + 3.5 % Ni 鋼	E8016 － C2 E8015 － C2 E8018 － C2	或	E8016 － C1 E8015 － C1 E8018 － C1
3.5 % Ni 鋼 + 2.5 % Ni 鋼	E8016 － C1 E8015 － C1 E8018 － C1	或	E8016 － C2 E8015 － C2 E8018 － C2
A1 全靜鋼 + A1 全靜鋼 A1 淨靜鋼 + 普通軟鋼	D4316 D5016 E6016 E7016 E8016 － C3 D4326 D5026 E6015 E7015 E8015 － C3 D4318 D5018 E6018 E7018 E8018 － C3 D4328 D5028 E6028 E7028		
2.5 % Ni 鋼 + A1 全靜鋼 2.5 % Ni 鋼 + 普通軟鋼	E8016 － C1 E8015 － C1 E8018 － C1	或	D4316 D5016 E6016 E7016 E8016 － C3 D4326 D5026 E6015 E7015 E8015 － C3 D4318 D5018 E6018 E7018 E8018 － C3 D4328 D5028 E6028 E7028
3.5 % Ni 鋼 + A1 全靜鋼 3.5 % Ni 鋼 + 普通軟鋼	E8016 － C2 E8015 － C2 E8018 － C2 E8016 － C1 E8015 － C1 E8018 － C1	或	D4316 D5016 E6016 E7016 E8016 － C3 D4326 D5026 E6015 E7015 E8015 － C3 D4318 D5018 E6018 E7018 E8018 － C3 D4328 D5028 E6028 E7028

表 6.18　低溫用鋼銲條種類

鋼種		規格	廠牌例	適用
低碳鋁淨靜鋼		D4316	Ⓢ16，LB26，KS66，LH50	(軟鋼級)
		D5016	ⓈL50，LB52，KS76，LH55	(50kg/mm² 級)
		D5016	ⓈN11，NB1，LP18	1.5 % Ni
		E8016C₁	ⓈN12，NB2，KS86M，LP25	2.5 % Ni
高強度低合金鋼		D××16 E××16G	ⓈL50，LB52，KS76，LH55	D5016 (50kg/mm² 級)
			ⓈL60，LB62，KS86，LH62	D6016 (60kg/mm² 級)
			ⓈL70，LB106，KS106，LH70	E10016G (70kg/mm² 級)
			ⓈL80，LB116，KS116，LH80	E11016G (50kg/mm² 級)
低 Ni 鋼	2.5 % Ni 鋼	E8016C₁	ⓈN12，NB2，KS86M，LP25	2.5 % Ni 鋼
	3.5 % Ni 鋼	E8016C₁	ⓈN12，NB2，KS86M，LP25	2.5 % Ni
		E8016C₂	ⓈN13，KB86M	3.5 % Ni
			ⓈN14，NB3S	4.5 % Ni
		D308	Ⓢ308，NC38，KSS308，TS308	18 % Cr-8 % Ni
9 % Ni 鋼			INCOWELD A, YAWATAWELD B	英高鎳系 (70Ni-15Cr)
			INCONEL 182 NIC70D	
			LM40	40Ni-17Cr
			NIC50	50Ni-15Cr

表 6.19 低 Ni 鋼銲條的規格(ASTM A316-58T)

規格	包覆系統	機械強度				化學成分(%)				
		降伏點 (kg/mm²)	抗拉強度 (kg/mm²)	伸度 (%)	備考	C	Mn	Si	S	Ni
E8015-C1	低氫系	≥47.1	≥56.1	≥19	620℃ 1Hr 爐冷	≤0.12	≤1.00	≤0.60	≤0.04	2.00~2.75
E8016-C1	低氫系	≥47.1	≥56.1	≥19	〃	≤0.12	≤1.00	≤0.60	≤0.04	2.00~2.75
E8018-C1	鐵粉低氫系	≥47.1	≥56.1	≥19	〃	≤0.12	≤1.00	≤0.60	≤0.04	2.00~2.75
E8015-C2	低氫系	≥47.1	≥56.1	≥19	〃	≤0.12	≤1.00	≤0.60	≤0.04	3.00~3.75
E8016-C2	低氫系	≥47.1	≥56.1	≥19	〃	≤0.12	≤1.00	≤0.60	≤0.04	3.00~3.75
E8018-C2	鐵粉低氫系	≥47.1	≥56.1	≥19	〃	≤0.12	≤1.00	≤0.60	≤0.04	3.00~3.75
E8015-C3	低氫系	≥47.1	≥56.1	≥19	〃	≤0.12	≤1.00	≤0.60	≤0.04	0.80~1.10
E8016-C3	低氫系	≥47.1	≥56.1	≥19	〃	≤0.12	≤1.00	≤0.60	≤0.04	0.80~1.10
E8018-C3	鐵粉低氫系	≥47.1	≥56.1	≥19	〃	≤0.12	≤1.00	≤0.60	≤0.04	0.80~1.10

(2) 高強度低合金鋼：低溫用高強度低合金鋼的包覆電弧銲條，爲了配合母材優良的缺口韌性，大都特別選用含1％～3％ Ni 的同強度低氫系銲條。如表 6.18 所示，對HT80 調質HSLA鋼E11016G；對 HT60 用 D6016。

(3) 沃斯田鐵不銹鋼：低溫用沃斯田鐵不銹鋼的包覆電弧銲接，通常作業容易，但入熱量過大時，容易引起脆化或耐蝕性下降，故須減少銲接入熱。

　　　　表 6.20 為沃斯田鐵不銹鋼包覆電弧銲條與母材的組合。表
6.21 為各種熔填金屬的低溫衝擊值，為了使熔填金屬的耐蝕性至
少與母材同程度，熔填金屬的合金量提高到母材的必要合金量的
最低量以上；為了防止熔填金屬的熱裂，需調整熔填金屬的組
成，使其含有 5～10％的肥粒鐵存在。

(4)　低鎳鋼：ASTM 規格如表 6.19 中的 C_1、C_2 所示，規定 2.5％Ni 及
　　3.5％Ni 系銲條為低 Ni 鋼用。增加銲條中 Ni 的含量，可稍為改
　　善熔填金屬的缺口韌性，但效果不大。

　　　　低 Ni 鋼用銲條的熔填金屬，通常會因退火(消除應力)，而降
低其低溫衝擊值，如圖 6.5 所示。圖中顯示，當 Ni 量愈多時，脆
化傾向愈明顯，這是一種回火脆性。為了防止起見，退火後冷卻
速率愈快愈好。

　　　　低 Ni 鋼用熔填金屬的缺口韌性，也與 HSLA 鋼用熔填金屬
同樣因銲接條件不同而有顯著改變。通常熔填金屬的缺口韌性是
隨著入熱量的增加而降低。所以，為了改善缺口韌性，有必要減
少入熱量，並使銲條織動達最小限度；立向、上向銲接姿勢的衝
擊值皆低於下向。

(5)　9％鎳鋼：在 9％Ni 鋼的包覆電弧銲接中，銲條的選擇重點在熔
　　填金屬的缺口韌性。滿足此高度要求的銲條，在美國通常用稱為
　　Incoweld A 的高合金系(70Ni-15Cr)，有時也用 D310 或 D316 之
　　類的沃斯田鐵不銹鋼用銲條，但強度不足。在日本則用價格較便
　　宜的 NIC-50，LM-40，與 Yawata weld B 等。表 6.22 是 9％Ni
　　鋼的各種包覆電弧銲條的成份與機械性質。

表 6.20　沃斯田鐵不銹鋼包覆銲條的熔填金屬化學成分，機械性質及母材的組合(美國 AWS 規格以 E 取代第一字母 D)

熔填金屬的化學成分(%)									抗張試驗		對象母材	
Cr	Ni	Mo	Cu	Cb + Ta	Mn	Si	P	S	抗拉強度 (kg/mm²)	伸度 (%)	JIS 規格	AISI 規格 (相當)
18.00~21.00	9.00~11.00	—	—	—	≤2.50	≤0.90	≤0.040	≤0.030	56	35	27	304
18.00~21.00	9.00~12.00	—	—	—	≤2.50	≤0.90	≤0.040	≤0.030	52	35	27	304
22.00~25.00	12.00~14.00	—	—	—	≤2.50	≤0.90	≤0.040	≤0.030	56	35	41	309S
25.00~28.00	20.00~22.00	—	—	—	≤2.50	≤0.90	≤0.040	≤0.030	56	30	41	309S
17.00~20.00	11.00~14.00	2.00~2.75	—	—	≤2.50	≤0.90	≤0.040	≤0.030	56	30	32	316
17.00~20.00	11.00~16.00	2.00~2.75	—	—	≤2.50	≤0.90	≤0.040	≤0.030	52	35	32	316
17.00~20.00	11.00~14.00	1.20~2.75	1.00~2.50	—	≤2.50	≤0.90	≤0.040	≤0.030	56	30	35	—
17.00~20.00	11.00~16.00	1.20~2.75	1.00~2.50	—	≤2.50	≤0.90	≤0.040	≤0.030	52	35	35	—
18.00~21.00	12.00~14.00	3.00~4.00	—	—	≤2.50	≤0.90	≤0.040	≤0.030	56	30		
18.00~21.00	9.00~11.00	—	—	8×C %~1.00	≤2.50	≤0.90	≤0.040	≤0.030	56	30	43	347

表 6.21　各種沃斯田鐵不銹鋼熔填金屬的衝擊值

母材	銲條[*1]	熱處理[*2]	肥粒鐵量[*3] (%)	衝擊值(kg-m)[*4]		
				室溫	−76℃	−196℃
304	308	銲接狀態 退火	… …	4.4 5.1	3.2 4.1	2.6 4.2
310	310	銲接狀態 退火	… …	5.0 4.4	4.1 2.9	3.3 2.6
316	316	銲接狀態 應力除去 安定化 退火	0.5 … … …	4.3 4.4 3.9 4.7	3.6 3.5 2.9 4.0	2.5 1.9 1.8 3.0
316	316	銲接狀態 應力除去 安定化 退火	8.0 … … …	4.4 3.6 1.5 5.0	3.9 2.4 1.0 4.5	2.6 1.1 0.4 3.5
317	317	銲接狀態 退火	2.0 …	3.0 2.9	2.3 2.3	1.5 2.0
321	347	銲接狀態 退火	3.5 …	4.4 4.2	3.6 4.4	2.8 3.3
347	347	銲接狀態 應力除去 安定化 退火	3.5 … … …	4.2 3.5 2.8 3.6	3.5 2.1 2.3 3.3	3.6 1.5 1.9 3.3
347	347	銲接狀態 退火	… …	3.7 4.2	2.9 3.2	3.6 3.0

註：*1　銲條：347 型銲條為 titania 型包覆，其他為 lime 型包覆。
　　*2　熱處理：應力除去處理：649℃ 2hr 加熱，安定化處理：843℃ 2hr 加熱；
　　　　退火：1066℃ 30min 加熱後水冷。
　　*3　肥粒鐵量：用 ferritemagne gauge 測定。
　　*4　衝擊值：5mm 鑰孔 charpy 衝擊值。

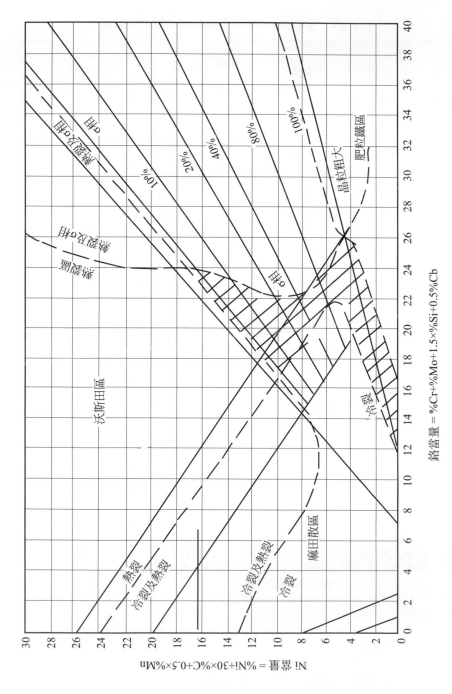

鉻當量 ＝ %Cr+%Mo+1.5×%Si+0.5%Cb

圖 6.5　不銹鋼銲接問題與其合金成分之關係圖

表6.22　9％Ni鋼用包覆電弧銲條的性能

銲條種類	棒徑 mm	熔填金屬成分 (%)								熔填金屬的機械性質 (AW)					接頭試驗結果 (AW)		
		C	Si	Mn	Ni	Cr	Mo	Nb	Fe	降伏點 kg/mm²	抗拉強度 kg/mm²	伸度 %	斷面減縮率 %	-196℃ V charpy -值(kg-m)	抗拉強度 kg/mm²	-196℃ V charpy -值(kg-m)	鋼板板厚 (m)
Incoweld A（美）	4	0.03	0.37	1.83	69.39	16.49	0.65	1.97	9.02	39.0	65.9	39.0	46	—	70.0	11.1	12
Yawataweld B	4	0.04	0.24	1.70	68.68	16.18	0.80	1.92	10.39	41.7	64.5	45.2	44	—	74.0	10.7	12
改良型 25Cr-20Ni	4	0.18	0.59	2.06	22.05	23.51	2.22	痕跡	其餘	43.7	64.4	24.6	—	4.0	74.9	約7	12
NIC-50	4	0.17	0.27	3.88	45.30	9.99	1.23	0.52	其餘	44.8	65.6	34	53	7.3	68.4	7.4	25
Inco 182 （美）	4	≦0.10	≦1.00	5～9.5	其餘	—	Ti ≦1.00	1.00～2.50	6.00～10.00	—	64.6	44	49	11.2	65.6	11.1	25
LM-40	4	0.12	0.46	2.42	39.64	16.69	0.42			44.0	67.1	38.5	45.9	8.4	75.0	115.	25

9％Ni 鋼用銲條可用到−196℃的低溫。若銲條在常溫與低溫間之溫度差所致的熱膨脹和母材不相近，則會因反覆的溫度差而在銲接處附近產生熱應力而造成破裂。

9％Ni鋼用銲條的熱傳導率通常很小，若用大電流，則銲條過熱，容易發生氣孔或微小破裂等現象故須注意。

9％Ni鋼用銲條還應注意熔填金屬的熱裂和氣孔的發生，熔填金屬的熱裂大都在起點或銲疤處破裂。

2. 潛弧銲接

潛弧銲接在銲接效率等方面遠優於包覆電弧銲接，但因銲接時入熱量大，熔填金屬的缺口韌性比電弧銲接差，而且熱影響所導致的母材脆化現象很顯著，所以用於低溫鋼時技術上較困難。不過，近年來一些潛弧銲接材料陸續地開發成功，使得低溫鋼的銲法漸受重視。

(1) 鋁全靜鋼：鋁全靜鋼的潛弧銲採用心線含1％Ni或2.5％Ni的銲接材料。在單層銲接時，銲道Ni含量稍不充份，但多層銲接時，其低溫衝擊值不亞於包覆電銲。

對於低溫鋁全靜鋼用的潛弧銲接材料，心線中磷(P)的含量與衝擊值有很大的關連，當磷含量在0.02％以上時，低溫衝擊值會明顯降低。

(2) 高強度低合金鋼：低溫用 HSLA 鋼的潛弧銲接材料，在熔填金屬和接合處的缺口韌性不佳。雖然，入熱量少且多層銲接，可獲得較佳的結果，卻失去自動銲接的特色。不過，近年來對潛弧銲接材料的開發，已漸漸縮小其與手銲條的差距，現在潛弧銲接法已有一部份用於入熱影響較少的 60kg 級。

HSLA 鋼的潛弧銲接除熔填金屬的缺口韌性之外，與手銲同樣要注意初層的破裂或氣孔發生。

(3) 沃斯田鐵不銹鋼：低溫用沃斯田鐵不銹鋼，很少採用潛弧銲法，因為當沃斯田鐵不銹鋼內的肥粒鐵含量過低時，易導致熱裂，而且在銲後，熔渣不易剝離，不過近年來已開發出一些助熔劑來解決這些缺點，因此，對於中厚以上的厚板可用弧銲法來接合。

(4) 低鎳鋼：2.5％及 3.5％Ni鋼的潛弧銲接用心線和助熔劑與包覆電弧銲接相同。

　　低鎳鋼潛弧銲接的熔填金屬的缺口韌性與入熱量的多寡有關。通常層數愈少或入熱量愈多時，吸收能愈低。因此，為了增進缺口韌性，一般皆採多層銲接。

　　目前，以含碳酸鹽、高CaF_2系的高鹽基性燒結型銲劑，配合含鈦之複合心線，可做到：

① 寬幅度、穿透淺的銲珠，可使多層銲接時，下層部份更易產生晶粒化的效果。

② 低氧化、低矽化，所以可防止應力釋除(stress-relief)後，產生脆化的現象。

③ 用鈦(Ti)摻配可促進肥粒鐵成核。

(5) 59％鎳鋼：9％鎳鋼在美國早就採用潛弧銲接，使用與英高鎳(inconel)同程度的高 Ni 心線，獲得相當良好的結果，不過9％鎳鋼在潛弧銲接中仍有熱影響區脆化和熔銲附近熱裂的問題。

　　高鎳基合金的銲接材料極為昂貴，且 0.2％降伏應力較低，使得其設計應力亦降低。

3.　惰氣電弧銲接

　　惰氣電弧銲接，常用於鋁全靜鋼和沃斯田不銹鋼薄板的短路移行或細心線法(用細心線，而以小電流短路移行銲接的氣體掩護電弧法，用於薄板的銲接)。

9％鎳鋼也可用惰氣電弧銲接,特別是MIG銲接,其心線可用英高鎳程度的高 Ni 心線(68 ％ Ni,15 ％ Cr,3 ％ Ti,其餘為 Fe)。另加 90％氦＋10％氬的惰性氣體。

不過TIG、MIG的熔填金屬在極低溫的衝擊值不佳;當氣體掩護不良時容易發生氣孔;另外,初層的銲疤也可能破裂。

在美國,惰氣電弧銲接與潛弧銲接相比較時,成本方面是潛弧銲接較貴,但對厚板而言潛弧銲接反而便宜。因惰氣電弧銲接的入熱量較低,故只適於銲約 0.25 ％～0.5 ％吋的薄板或是厚板的初層。

6-4 不銹鋼

不銹鋼(stainless steel)乃是鋼材中添加大量的鉻與鎳,以改善鋼材的耐蝕性,在其各種環境下皆不易生銹。

因為不銹鋼除具有良好的耐銹性、耐蝕性、耐氧化性、耐熱性等特性外,還具有良好的加工性與機械性質,目前在石油化學工業、核能工業、國防工業、棉質纖維工業及各種化學工業上,已成為用途廣泛的一種鋼鐵材料。

6-4-1 不銹鋼的分類與特性

1. 以成份來分

(1) 鉻系不銹鋼:在鋼材中,若加入 12 ％以上的鉻,則會在鋼材的表面形成連續之氧化鉻薄膜以保護鋼材。此種以鉻為主要成份的不銹鋼,稱為鉻系不銹鋼。

(2) 鎳鉻系不銹鋼:鉻系不銹鋼對氧化性腐蝕環境的抗蝕力較強,但對非氧化性腐蝕環境(如:硫酸、鹽酸等)的抗蝕力較差。在此情況下，常在不銹鋼中添加部份的鎳(Ni)以增加抗蝕力。此種不銹鋼中含有鉻、鎳成份者，稱爲鎳鉻系不銹鋼。

2. 以顯微組織來分

(1) 沃斯田鐵型不銹鋼(austenitic stainless steels)：Fe-Cr-Ni。

(2) 麻田散鐵型不銹鋼(martensitic stainless steels)：Fe-Cr-C。

(3) 肥粒鐵型不銹鋼(ferritic stainless steels)：Fe-Cr。

(4) 析出硬化型不銹鋼(precipitation hardening steel)：Fe-Cr-Ni加Al、Cu。

(1) 沃斯田鐵型(AISI 200，300)：此類型的不銹鋼在各種溫度下均保持沃斯田鐵組織(austenitic structure)，亦即不會因爲溫度的變化而產生相變化(phase trans-formation)，因此不能用熱處理方法將其硬化，但卻可經過冷加工來增加其硬度與強度。其冷作硬化速率隨鎳含量的增加而遞減。例如301的鎳含量較低(約7％)，其冷作硬化率快，不適於冷作加工材料；而 305 的含鎳量較多(約 12％)其硬化率慢。

可是經冷作加工後，抗腐蝕性降低。尤其是在氯化物環境中，會有應力腐蝕(stress corrosion)問題產生，此爲沃斯田鐵型不銹鋼在應用上所遭遇到的問題之一，應特別注意。

沃斯田鐵型不銹鋼屬面心立方體結構(F.C.C)，無磁性也沒有延性-脆性轉換溫度。所以在極低的溫度下，仍保持相當的韌性，其使用範圍由-240℃到1093℃。

在300系列中，302是原始的18-8不銹鋼，供一般用途；303的硫磷含量增加，易於切削；305含鎳量高，冷作加工易；308，309，310，314之合金含量高，在較高溫度下仍有抗腐蝕及防銹性能，可用作高溫爐材料；316，317中含有2～4％的鉬，抗化學液腐蝕性能最佳,能防止表面生麻點;317 的抗液體腐蝕性能最佳;304L,316L 含碳量特低,適於銲接;321、347、348 中含有鈦、鈮等元素,可防止碳化鉻的形成,也適於銲接。348 中鉭(Ta)、鈷含量低,用於核能工業。

(2) 麻田散鐵系不銹鋼(400 系列):此類不銹鋼的合金含量低,鉻含量約為 11～14 %,價格較廉,抗腐蝕性能較差。在高溫下其結晶組織會轉變成沃斯田鐵,此種因溫度變化而產生相變的特性與碳鋼及低合金鋼相似,因此也能經熱處理方法使之硬化、增加強度。硬化後再經應力消除處理,可得到最佳的抗腐蝕性能。通常多用於常溫或在溫度不太高的環境中,例如蒸汽透平機機件及刀、剪等家庭用具。

　　在此系列中,410 是基本型,作一般用途;414 有較佳的強度及韌性,可作彈簧材料;431 的鉻含量增加,並含有 2 %的鎳,屬航空級材料。416、420F 含硫、磷等元素,易於切削;440 因含碳量不同,分作 A、B、C 三種,經熱處理後,硬度可達 Rc 60-62 可算是不銹工具鋼。

(3) 肥粒鐵系不銹鋼(400 系列):此系列的合金含量介於麻田散鐵系和沃斯田鐵系之間,其抗腐蝕性能也是介於二者之間。較高的鉻含量配合較低的碳含量,可使其結晶在各種不同的溫度下,均保持肥粒鐵組織,即　不會因溫度的變化而發生相變化。此項特性與沃斯田鐵系相似,因此也不能用熱處理方法將其硬化。

　　在此系列中 430 是基本型,在較高的溫度下仍具有良好抗腐和防銹性能,適於加工成型和銲接;409 中含鈦,可防止碳化鉻析出,可用作汽車排煙管等材料;429 的鉻含量較低,用作汽車車身裝飾料件,815℃以下之加熱爐材或廚具等;434、436 與 430 相似,但含鉬元素,436 含鈮(Nb)及鉭(Ta)可防止碳化鉻析出，抗腐蝕及防銹性佳，係沃斯田鐵系的代替品；442 含鉻量高，抗液體腐蝕性優良，在 930℃ 仍具防銹能力；446 的抗腐蝕性特優，但加工困難，在 1093℃ 以下均具防銹能力，可在含硫的氣氛中使用，例如作燃燒器噴嘴，鍋爐鎧隔板，高溫度計護套等。

6-4-2 不銹鋼的銲接問題

1. 熱裂

熱裂是銲接沃斯田鐵系不銹鋼常遭遇到的問題。當不銹鋼的金相組織是沃斯田鐵組織時，熱裂問題極難避免，其裂紋是於晶粒與晶粒之間的界線發生，且在銲件尚在高溫時即已發生，例如當銲件自凝固開始至 980℃ 之間時，銲件因收縮受到限制(constraint)而產生應力，發生熱裂，沃斯田鐵系不銹鋼的熱膨脹係數較其他各類不銹鋼大，約為碳鋼的 1.5 倍，可能是導致熱裂的原因之一。此外若銲件有銳角缺口(notches)而造成應力集中，或含有硫、磷等元素，也容易導致熱裂問題之發生，經研究發現，若在沃斯田鐵系不銹鋼內含有約 4～7 %的肥粒鐵，組成所謂複式金相結構(duplex structure)時，熱裂問題就不易發生。(見圖 6.5)。

但有的時候要求銲件完全沒有磁性作用，故必須使其結晶組織完全是沃斯田鐵組織沒有磁性反應，此時的銲接就非常困難，必須嚴格控制導熱裂各項因素，例如硫、磷的含量，碳、錳、氮的比例，銳角缺口的存在，以及銲件所受到的支托力量所造成的局部應力問題等等。

2. 冷裂

依合金含量所計算出來的鉻、鎳當量推算，若在schaeffler diagram上是落在麻田散鐵系範圍內，則在銲接時，就必須注意冷裂問題的發生。防止冷裂的方法，和應用於碳岡或低合金鋼者相似。通常是預熱到 200～300℃，回火到 340～400℃。因熱處理不但能防止冷裂問題的發生，同時因爲碳化鉻的重新熔解，也能增長抗腐蝕性能，下表可供銲接時的參考(見圖 6.5)。

(1) 含碳量低於 0.10 ％：不需預熱和回火。

(2) 0.10 ％ C～0.20 ％ C：預熱至 260℃，銲後慢冷。

(3) 0.20 ％ C～0.50 ％ C：預熱至 260℃，銲後回火。

(4) 含碳量超過 0.5 ％：預熱至 260℃，用較大電流銲接，銲後回火。

回火溫度：

	低臨界回火	完全回火
403,410',416	730°～785℃	840°～870℃
420	750°～775℃	870°～900℃
414	660°～700℃	870°～900℃
431	620°～660℃	870°～900℃
440A,440B,440C	730°～785℃	900℃

在銲條選用方面，因 410 和 420 是標準型，所以常被採用。但也可用沃斯田鐵不銹鋼銲條銲接麻田散鐵，雖然強度會較差，但韌性較佳。

3. 熱脆

熱脆是肥粒鐵系不銹鋼所遭遇到的問題。大致可分爲高溫脆化，中溫形成σ(sigma)相而使韌性降低，以及 475℃ 熱脆等問題。(見圖 6.5)。

(1) 高溫脆化：主要原因是由於晶粒成長(grain growth)變粗大而使材料脆化，當溫度超過 1200℃ 後，在熱影響區(heat affected zone，HAZ)最易發生。

(2) 形成σ相：高鉻含量的肥粒鐵系不銹鋼，在 500℃～900℃ 溫度間駐留時間過久就會形成σ相。大致成分是 45 ％ Fe 及 55 ％ Cr。沃斯田鐵系不銹鋼在稍高的溫度也會形成σ相。當溫度降至 200℃ 以下之後，σ相會使材料變脆。回火至 1050～1100℃ 可使σ相消失。

(3) 475℃熱脆：當肥粒鐵系不銹鋼在 400～500℃間的溫度下駐留時間稍久，可能由於高鉻含量的肥粒鐵的析出，使延性-脆性轉換溫度(ductile-brittle transition temperature)升高，材料因而變脆。補救之道是盡量避免在此溫度範圍內停留。

　　肥粒鐵系不銹鋼對於銳角缺口特別敏感，因其展性-脆性轉換溫度接近室溫，銲接前如能預熱至200℃即可避免過此轉換溫度，銲後須慢冷以防止嚴重的熱應力之產生。

4. 碳化物析出(carbide precipitation)

　　此係沃斯田鐵系不銹鋼在銲接時所遭遇到的問題。由於碳與鉻結合成碳化鉻之後，在晶粒的邊緣沈澱析出，使附近的鉻含量降低，因而失去抗腐蝕的性能。

　　碳化鉻析出發生於 425℃～870℃ 之間，此溫度稱為敏感溫度(sensitizing temperature)。形成碳化物需要時間和溫度，銲件冷卻速度較快，停留在高溫的時間較短，所以對銲件而言，其敏感溫度範圍是650～870℃。(圖6.6)。

　　防止碳化物析出的方法：

(1) 固溶處理(solution treatment)：加熱至1025～1120℃後水冷，在前文中已說明沃斯田鐵系不銹鋼不會因溫度之升降而有變化，所以不會因急冷需硬化，但在施工上有變形的問題。

(2) 採用超低含碳量的不銹鋼：304L、316L中的含碳量特低，在0.03％以下，不易發生碳化物析出問題，但此類材料價格較貴。

(3) 採用鈦、鈮穩定化(stabilized)的不銹鋼，如321、347、348等。因為鈦、鈮等元素較鉻更易與碳結合成碳化物，能防止碳化鉻的形成。

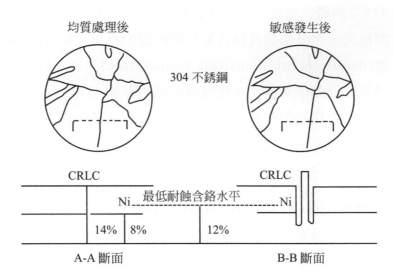

圖 6.6　碳化鉻析出使附近鉻含量降低

5.　應力腐蝕破裂

　　應力腐蝕破裂的裂縫發生於晶粒內部，裂縫由晶粒中通過(transgranular cracking)，此為沃斯田鐵系不銹鋼所遭遇的問題。發生應力腐蝕的要件有二：

(1)　要有應力存在。

(2)　與氯化物或腐蝕性離子接觸，尤其是與此類熱溶液接觸最易發生，而且以上兩個條件只要略為符合，問題就會發生。

6.　扭曲變形

　　扭曲變形固然是一切材料在銲接時所遭遇到的困難問題，但沃斯田鐵系不銹鋼的變形問題尤為嚴重，因為其熱膨脹係數約為碳鋼的 1.5 倍，而熱傳導係數僅及碳鋼的三分之一，因而局部的熱量不易傳導出去，使熱膨脹問題更形嚴重，導致銲件扭曲。補救之道，唯有在銲件之前先將銲件加強固定，限制變形的發生。

6-4-3　不銹鋼的銲接方法

　　不銹鋼適用於一般常用的銲接法。至於採用何種銲接法，則視銲接品質的要求、銲接部位的難易以及銲件數量而定。決定選用那一種銲接法以前，必需對每種銲接法的特性及其優缺點加以了解，以期獲得最適當的結果。

　　不銹鋼電弧銲法較不銹鋼氣銲銲法爲易，而且銲接品質十分優異，銲件變形也少。不銹鋼電弧銲法最重要的是銲條本身必需符合該母材金屬成份含量，始能獲致相同效果的銲接要求。所以，凡從事不銹鋼銲接時，銲條配合銲件的選用是極爲重要的銲接首要條件，初學者可參考母材金屬和銲條製造廠家所提供的資料作一選擇。

　　美國銲接學會(AWS)針對種類繁多的不銹鋼電銲條也有統一性的分類規格。如 E308-15 不銹鋼電銲條，是適用於 AISI 規格第 301 至 308 規號類別的沃斯田鐵系類不銹鋼之銲接，並可作全位置(平、立、橫、仰向)銲接。按 AWS 規格之後兩位數字分爲 EXXX-15 和 EXXX-16 之別，該「-15」是指該種不銹鋼電銲條的塗料爲石灰(lime)，只能適用於直流反極銲接電之用。而「-16」則是指該種不銹鋼電銲條的塗料爲鈦鐵(titanium)礦，適合於直流反極和交流銲接電流之用。就這兩大類電銲條的特性來說，EXXX-15 電銲條最適合於立向、橫向和仰向同位置之銲接。而 EXXX-16 則最適合於平向位置銲接，在各種位置施銲中，電弧以採用較短電弧(short-arc)銲接俾防氧他爲前提。表 6.23 爲 AWS 規格各種不銹鋼電銲條分類之機械性能標準。表 6.24 爲不同尺寸的不銹鋼電銲條與使用電流間的關係。

　　一般電弧銲法包括手銲法，以及應用最理想的 TIG(GTAW)銲法和 MIG(GMAW)銲法等，皆可勝任不銹鋼的銲接。

表 6.23 AWS 不銹鋼電銲條分類之機械性能標準表

AWS 分類	抗張力(最低) PSI	延伸率(最低) 2 吋%	相當日本 JIS 規格
E308	80,000	35	Sus 27
E308 IL	75,000	35	Sus 28
E309	80,000	30	Sus 41
E309 Cb	80,000	30	…
E309 Mo	80,000	30	…
E310	80,000	30	Sus 42
E310 Cb	80,000	25	…
E310 Mo	80,000	30	…
E312	95,000	22	…
E16-8-2	80,000	35	…
E316	75,000	30	Sus 32
E316 L	70,000	30	Sus 33
E317	80,000	30	Sus 64
E318	80,000	25	…
E320	80,000	30	…
E330	75,000	25	…
E347	80,000	30	Sus 43
E349	100,000	25	…
E410	70,000	20	Sus 51

表6.23　AWS不銹鋼電銲條分類之機械性能標準表(續)

AWS 分類	抗張力(最低) PSI	延伸率(最低) 2吋%	相當日本 JIS 規格
E430	70,000	20	Sus 24
E502	60,000	20	…
E505	60,000	20	…
E7 Cr	60,000	20	…

註：E7 Cr電銲條之銲接電流代號為15，僅能適合直流反極性銲電使用。其餘電銲條
　　則皆分有 EXXX-15 和-16 之型別。

表6.24　不銹鋼電銲條尺寸大小與銲接電流高低配當表

銲條直徑	平均銲接電流(Amp.)	最高銲接電流(Volt.)	銲接位置
1/16 吋　(1.6mm)	35-45	24	全位置
5/64 吋　(2.0mm)	45-55	24	全位置
3/32 吋　(2.6mm)	65-80	24	全位置
1/8 吋　(3.2mm)	90-110	25	全位置
5/32 吋　(4.0mm)	120-140	26	平銲
3/16 吋　(5.0mm)	160-180	27	平銲
1/4 吋　(6.4mm)	220-240	28	平銲

1.　手銲法

　　本法學名上稱 shielded Metal Arc Welding，簡稱 SMAW。手銲法
是最常用的不銹鋼銲接法。其銲接原理如圖 6.7 所示。

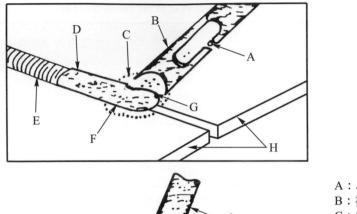

A：心線
B：被覆劑
C：保護氣體
D：凝固的銲渣
E：銲填金屬
F：熔融銲池
G：滴狀傳送金屬
H：母材

圖 6.7　手銲條銲接圖解

根據 AWS5.4 對手銲法建議使用的設定諸元如下：

直徑	安培	最高電壓
3/32"(2.4mm)	65-80	24
1/8(3.2mm)	90-110	25
5/32(4.0mm)	120-140	26
3/16(4.8mm)	160-180	27
1/4(6.4mm)	220-240	28

　　不銹鋼銲條絕大多數的生產方式，是利用不銹鋼材料當心線，塗上包覆劑，助溶劑中可能加入微量的合金，用以調整或補充心線透過銲弧傳送後可能產生的損耗。包覆熔劑於銲接時，部份受高溫汽化，於電弧

周圍產生氣罩保護，使電弧不被空氣污染。包覆劑同時含有去氧劑，能除去熔積在金屬中的氧。溶渣因比重小浮於熔填金屬上面，保護高溫的銲層在冷卻到接近室溫以前不被氧化。本法的優點是它的使用彈性極大，能行全姿勢銲接，設備費用低，設備容易取得。缺點是熔填效率極低，使欲獲每單位重量的熔填金屬成本提高，並且需要較熟練的銲接技巧，銲接時平均的銲弧時間約僅 30 ％。(即每十分鐘總銲接時間中，有銲弧的時間是三分鐘，其餘時間用於準備銲件，更換銲條、消除銲渣)。

2. MIG 銲接法

MIG本法是利用送線裝置，將消耗性不銹鋼連續送出與銲件間發生銲弧，銲弧則以氬氣或氦氣與其他氣體的混合氣保護之。銲弧完全開放，所以銲接時能使操作者注視銲弧的進行狀況，以便控制銲弧。理論上本法的金屬熔填率是 100 ％，圖 6.8 是本法的圖解。

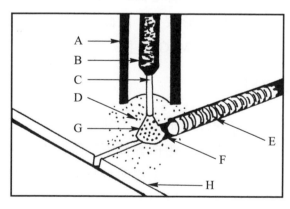

A：氣體瓷杯　　E：銲層
B：火嘴　　　　F：熔銲池
C：銲絲　　　　G：銲弧
D：遮蔽氣體　　H：母材

圖 6.8　MIG 半自動銲接圖解

本法的優點是：銲填效率高、銲弧時間較長、操作者能容易控制銲弧的狀態，能很容易地修改成全自動銲接法。本法平均銲弧時間約為 60 ％。本法缺點是：

(1) 保護氣體容易受橫向風吹散，使銲弧及銲填金屬失去保護，產生氣孔及氧化層，故不適於戶外使用。

(2) 銲弧完全開放，比較容易傷害到眼睛及沒有保護的皮膚。

(3) 本法原則上只適用於平銲(向下銲接)。雖然偶爾也有人在傾斜或垂直的銲件上行水平方向的銲接，但是起銲比較困難。

(4) 保護氣罩很有可能吸入少量的空氣，使銲層表皮氧化，所以行多層堆疊銲接時，每銲一層必需把氧化表層磨除才能再銲。

(5) 設備費用較貴。

　　不銹鋼電銲條在使用前務必保持清潔和乾燥，銲條的塗條如有龜裂脫落者不可使用，其銲接程序和方法大致與軟鋼銲接相似，唯清潔和短電弧是不銹鋼銲接技巧最重要的兩大要訣。

　　儘管手工電弧銲法可勝任不銹鋼銲接，但在品質水準方面，較TIG氣體鎢極電弧銲法或 MIG 半自動氣體金屬電弧銲法略遜一籌，後兩者銲速較快，不需銲後清潔處理，銲件變形較少。因此在工業先進高品質的不銹鋼構作物銲接，大多採用 TIG 和 MIG 為主。

6-4-4　不銹鋼銲條之選擇

　　銲接普通鐵時，可以選用的銲條種類很多，主要的考慮因素是銲層需要多大的強度，應選何種強度的銲條。選擇銲接不銹鋼時，應考慮因素較多，銲層強度只是其中之一。原則上，選擇與母材成份及特性近似的銲條大致上即可。

1.　400 系列不銹鋼母材則能以 300 系列或 400 系列不銹鋼銲條施銲

　　銲接 400 系列不銹鋼時，如該銲件施銲後，不經應力去除處理就要使用，應選用 300 系列銲條，因 400 系列母材鄰近銲道的區域受銲接熱的影響會有強度增加並硬化的現象，300 系列銲層可以吸收部份的內應力，減少破裂或變形的可能。如果銲件施銲後將行應力去除熱處理手續，則可採用與母材類似的 400 系列銲條。

2. 300 系列的不銹鋼母材只能使用 300 系列的不銹鋼銲條施銲

300 系列沃斯田鐵型不銹鋼銲層強度很高，且韌性很好，除銲接不銹鋼外，也可用於銲接不同的材料，最常見的例子是普通鐵與不銹鋼的結合。最適合於銲接普通鐵與不銹鋼的是另加 0.5 ％鉬的 312 型銲條。312 型銲條能容許與普通鐵混合稀釋後，仍具有耐腐蝕的不銹鋼的特性。

對未知成份的材料之銲接，310 型不銹鋼銲條已延用多年。309 型則算是較經濟型的銲接異種材料的銲條。如果欲銲接沃斯田組織型的高錳鋼時，則選 308 型銲條。

308 型銲條不適於銲接不同種的母材。例如，如果 308 型把普通鐵與不銹鋼銲在一起時，由於稀釋作用，可能使銲層的含鉻量低於 18 ％，含鎳量低於 8 ％，而產生麻田散組織鐵，且喪失延展性。312 及 309 型由於本身含有過量的鉻及鎳，經與母材稀釋後，銲層仍能維持在沃斯田組織所需的含鉻(18 ％)及含鎳(8 ％)量。所以銲層的強度及延性均佳。

我們可以利用雪佛勒氏或迪隆氏圖解來預測異種金屬銲接後，銲層中可能產生的各種金相(麻田散鐵、沃斯田鐵、波來鐵等)。

圖 6.9 是一標準銲道接合 304 不銹鋼及普通鐵的情形。假定銲接時對兩種母材的滲透深度一樣，則該中間母材圖解上的位置應在普通鐵與 304 不銹鋼連線的中央。(沒有銲條填入的情況)。今以 310 型銲條施銲所得成份應落在 310 與上述中點的連線之間。如果該銲層是由 25 ％的中間母材與 75 ％ 310 銲材所形成，則該銲層的成份位置應落在圖上標示"1"的這一點上。依同理圖解，以 309 銲條施銲則銲層的成份位置應落在"2"的這一點，308 銲條則落於"3"，312 銲條在"4"。

由上述的圖解分析，很顯然使用 312 型銲條時，除可使銲層落在理想的(沃斯田鐵＋肥粒鐵)區域外，尚有餘力可吸收多達 50 ％的母材，仍保持理想的銲層成份。使用 310 型雖可獲全部的沃斯組織，但因缺乏肥粒鐵，所以銲層可能產生裂紋。使用 308 型所得銲層，非常接近麻田散鐵的形成區，309 型則接近不含肥粒鐵的形成區，兩者使用時對銲接技巧的變異十分敏感。

所以，本例最好的選擇順序應該是 312，其次是 309。

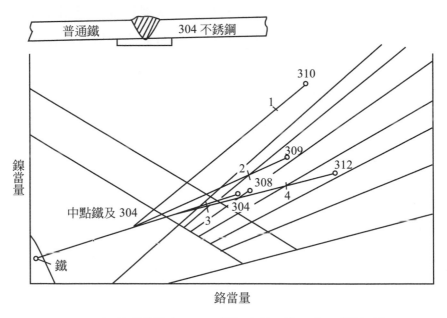

圖 6.9 標準銲道接合 304 不銹鋼及普通鐵所成之銲層組織

6-5 鑄 鐵

鑄鐵(cast iron)是指含碳量 2.0～6.67 ％的鐵-碳合金而言，熔點比鋼低，熔液的流動性良好而容易鑄造，價格便宜。所以，目前普遍應用於工業界。

　　由於，鑄鐵是以鑄出的狀態直接使用，未再經任何加工處理；而鑄造物常有氣孔，縮孔或應力造成的破裂等缺陷。所以，使用時需特別注意。

6-5-1　鑄鐵的分類與特性

1. 依金相組織來分

　(1)　白鑄鐵(white cast iron)：當鑄鐵中的碳全部與鐵化合成雪明碳鐵時，此種含有大量雪明碳鐵的鑄鐵，硬度很高、質脆，不能用普通刀具切削。因其破斷面呈白色，所以稱爲白鑄鐵。

　(2)　灰鑄鐵(gray cast iron)：當鑄鐵中含有 2～3％Si時，則有部份的碳不會與鐵化合成雪明碳鐵，此種碳稱爲石墨。因爲石墨質軟、強度低，易於切削。所以，這種含石墨的鑄鐵可用普通刀具切削。因其破斷面呈灰色，所以稱爲灰鑄鐵。

　(3)　斑鑄鐵(mottled cast iron)：介於白鑄鐵與灰鑄鐵之間，因其破斷面呈黑白斑點，所以稱爲斑鑄鐵。

2. 依機械性質來分

　(1)　冷硬鑄鐵(chilled cast iron)：鑄造時，經由適當的設計鑄模，使得鑄件的表面因急冷，而完全變成雪明碳鐵組織；內部因徐冷，而變成石墨狀組織。亦即表面是白鑄鐵組織(耐磨)，內部是灰鑄鐵組織(韌性佳)，此種鑄鐵稱爲冷硬鑄鐵。

　(2)　展性鑄鐵(可鍛鑄鐵)：降低鑄鐵中的碳與矽含量，可得白鑄鐵組織的鑄件。若將此種鑄件在高溫下進行熱處理，使鑄件發生脫碳或使雪明碳鐵石墨化，即可使鑄件具有延性，稱為展性鑄鐵 (malleable cast iron)。可分為白心展性鑄鐵(脫碳)及黑心展性鑄鐵(石墨化)兩類。

(3) 延性鑄鐵(球狀石墨鑄鐵)：在鑄鐵的鐵水中若加入鎂(Mg)，鈰(Ce)等作為球化劑(spheroidizer)，則在鑄造狀態便可得球狀石墨組織，其抗拉強度達普通鑄鐵 2 倍以上，此種鑄鐵稱為延性鑄鐵 (ductile cast iron)，或稱球狀石墨鑄鐵(nodular graphite cast iron)。

(4) 其他：諸如以添加特殊合金元素改善其機械性質的合金鑄鐵(alloy cast iron)，與依強度來畫分的普通鑄鐵與高級鑄鐵等。

6-5-2 鑄鐵的銲接問題

(1) 鑄鐵由熔融狀態急冷時，易生成白鑄鐵。且因白鑄鐵的膨脹係數較鑄鐵大，使得銲道與母材間存有很大的殘留應力，再加上白鑄鐵質脆易破裂，所以常造成銲接的失敗。

(2) 鑄鐵含大量的碳，在銲接時氣化形成氣體，而在銲道產生氣孔或點蝕。

(3) 鑄鐵本身延性低、質脆，加上鑄造與銲接時皆會在角偶或厚薄不均之處，造成嚴重的應力集中現象，因此容易發生破裂現象。

(4) 鑄鐵母材內的 C、Si、S、P 等元素會擴散到熔填金屬中，使銲道的延性與韌性降低，硬度增加，造成切削加工困難與裂化現象。

(5) 鑄鐵內部的氣孔，砂疵等缺陷，也會導致銲接失敗。

6-5-3 鑄鐵的銲接方法

鑄鐵的主要銲接方法，如下表所示

銲接法	施工法	銲條
(1)氣銲 (氧氣、乙炔)	熱施(預熱)	$\begin{cases}鑄鐵裸銲條 \\ 軟鐵裸銲條\end{cases}$
(2)電弧銲	熱施(預熱) 冷施	$\begin{cases}鑄鐵包覆電弧銲條 \\ 軟鋼包覆電弧銲條 \\ 鎳系包覆電弧銲條 \\ 軟鋼包覆電弧銲條 \\ 鑄鐵包覆電弧銲條\end{cases}$
(3)硬銲	銅銲	$\begin{cases}銅合金銲條 \\ 共晶合金銲條\end{cases}$

1. 施工法

施工方法分為熱施、冷施與銅銲三種。

(1) 熱施(預熱)：熱施係將銲件加熱到 $500\sim600℃$，在紅熱狀態予以銲接，如此可防此銲件生成白鑄鐵。銲接時為了提供足夠的熱量，所以要連續織動，銲後在稻草灰中徐冷，以防止生成白鑄鐵造成硬化。另外，退火可除去銲接時產生的應力，使銲件石墨化而容易切削。

(2) 冷施(不預熱)：以往認為鑄鐵銲接時一定要用熱施法，但隨著銲接技術的進步，現已常用冷施法。冷施法特別適用於不能做機械加工的場合、或無法搬運、預熱、退火處理的大型工件。因為近代成功地開發出鎳系包覆電弧銲條，使得利用冷施法銲接的鑄鐵，也可以機械加工，導致冷施法已成為應用最廣的施工法。

(3) 銅銲：銅銲屬於低溫銲接，母材未熔，因而殘留應力少，可防止發生應變，類似的方法有共晶合金銲法兩種以上的金屬，其合金中具有最低熔點，易於熔解，但色調頗異於母材，使用上有其限制。

2. 預熱及退火

預熱時需注意急熱會導致破裂，只能緩慢加熱。因爲反覆加熱、冷卻，容易導致鑄鐵膨脹變大，所以，當鑄鐵體積大且形狀複雜時，加熱造成的應力也大，故必須使各部份均勻加熱，不能局部加熱，需用專用爐加熱。

6-5-4 鑄鐵銲條之選擇

1. 軟鋼裸銲條

規格有 JIS Z3201。

2. 鑄鐵包覆電弧銲條

此種銲條，可以改善電弧安定性與母材密著性。因此，即使母材內的高碳、高矽藉擴散而溶入銲接處，也不會造成嚴重的破裂、氣孔等現象。

但通常由於母材內的高碳溶入，使銲接處易形成麻田散鐵組織，過硬而難以加工。

3. 軟鋼包覆電弧銲條

此銲條可用 JIS Z3211 規定的一般銲條，不過此系專爲低碳鋼而設計；在銲接時，母材之C、Si多者，會因母材的溶入而使熔金屬的組織完全不變化。若考慮此點可改用 D4316、D4311、D4301 等。

4. 鎳系包覆電弧銲條

鎳系包覆電弧銲條在鑄鐵冷施銲接法中,是較容易且廣用的方法,銲後也可機械加工。

鎳系鑄鐵銲條有下列優點:

(1) 與母材熔點接近。

(2) 鎳系合金硬度低、韌性大,耐急熱急冷。

(3) 鎳可以防止碳的移動,不會因銲接而生成白鑄鐵化。

但也有下列缺點:

(1) 銲接處的光澤不同。

(2) 連續銲接時,易發生細裂縫。

(3) 以鎳為主成份,成本高。

鎳系鑄鐵包覆電弧銲條目前有三種:

(1) 純鎳系(JIS DFCNI):心線用純鎳、熔填金屬的硬度低,鎳可防止碳的移動、防止鑄鐵白鐵化,促使融合部硬度上升少,破裂危險減少。

(2) 鎳-銅系(JIS DFCNiCu):此系用 70 % Ni 與 30 % Cu 合金(蒙納合金)。多層銲接時會產生細裂縫,造成使用受限制。最好不要用於水壓物或簡單的埋孔。

(3) 鎳－鐵系(JIS DFCNiFe):此系使用 55 % Ni 與 45 % Fe 的合金,特色是熱膨脹小,減少收縮應力,避免破裂。

銲接處的機械性質優於其他銲接,用於水壓物強度要求之修補。

此系的熔點高,因而銲接處白鑄鐵化傾向大,銲接時最好先預熱至 250℃。

5. 銅合系金包覆電弧銲條

此系電弧棒熔點比母材低，色澤完全異於鑄鐵，與鑄鐵母材交接處及鐵偏析的熔填金屬部份，常硬化、切削困難，破裂的危險性也大。通常不在冷間加工。

銲條規格有 RcuZn-A，RcuZn-B，RcuZn-C，RcuZn-D，RcuZn-E，EcuSn-A，EcuSn-C，EcuAl-A$_2$。

表 6.25 鑄鐵用包覆電弧熔接棒規格(JIS Z 3252)

	C	Mn	Si	P	S	Ni	Fe	Cu
DFCNi	1.8	1.0	2.5	0.04	0.04	＞92	—	—
DFCNiFe	2.0	2.5	2.5	0.04	0.04	40～60	餘量	—
DFCNiCu	1.7	2.0	1.0	0.04	0.04	＞60	2.5	25～35
DFCCI	1.0～5.0	1.0	2.5～9.5	0.20	0.04	—	餘量	—
DFCFe	0.15	0.8	1.0	0.03	0.04	—	餘量	—

註：(1)單獨數字表示以下。(2)化學成分為全熔著金屬成分。

6-6 工具鋼

工具鋼主要係用來切削，成型各種金屬或非金屬材料。早期的工具鋼是中碳鋼施以熱處理(最通常的是淬火加回火)以得到適當的硬度與韌性。但是中碳鋼的硬化能不佳，故其冷卻速率必須很快，若控制不當常會引起變形、破裂，所以需要較佳的人工技術。

目前的工具鋼由於大多高碳、高合金成份，故硬化能甚佳而銲接性不良，但適當的選用銲條與銲接程序(包括銲接方法、預熱、後熱處理)也可以使銲件達到預定標準。以下就工具鋼的分類、銲件應用、銲接前

準備、銲條選用、預熱處理、銲後處理及銲件修補、複合式工具銲接鋼
作一般性的討論。

6-6-1　工具鋼的分類

　　工具的分類很雜，各國有其標準，各工具鋼製造工廠也有其規範。
分類標準有依成份分類、有依用途分類者，若以成份分類，則有高碳、
高中碳低合金、高中碳高合金者。但大部份都依用途分類，因為同一種
用途的工具鋼其化學成份大致相同，相異成份則是為了調節其機械性
質，以適應於同一用途的不同場合使用，以下就其用途分類做簡略之說
明(參考表 6.26)。

表 6.26　工具鋼商業上之分類

鋼料性質	種類	硬化介質	典型品級符號
水硬	純碳鋼	W，B	W1
抗震	中碳，低合金	O	S1，S5，S6
冷作	高碳，低合金 高碳，中合金 高碳，高鉻	O A A	O1，O2，O6，O7 A2，A6，A7 D2，D4，D7
熱作	鉻 鎢 鉬	A A A	H11，H12，H13 H21 H42
高速	鎢 鉬	A A	T1，T4，T15 M1，M2，M3
模具鋼	低碳，低合金	O	P1，P20
特殊目的	低合金	O	L2，L6
說明：A 代表空氣，B 代表鹽液，O 代表油，W 代表水。			

1. 水硬工具鋼(water-hardening,group W0.6～1.4 % C)

大多為高含碳量(0.6～1.4 % C)，使其淬火後可得到較高的硬度，有時也加入少量 Cr 或 V。Cr 可增加其硬化能；V 可以細化晶粒、改善韌性，所以本系經適當的熱處理後，會得到一個硬而薄的表殼，與強而韌的心部，適用於各種刀具類與手工具類等僅需硬而耐磨，不需要韌性、精度、耐蝕等特性者。

2. 耐震鋼(cold-work,group O,group A,group D)

主要成份有 Mn、Si、Cr、W、Mo 及中碳(0.4～0.65 %)形成適當的強度、韌性、與中度的耐磨性。由於在高強度情況下也有很優良的韌性，故可用作非工具用或構造用。

3. 冷作鋼(cold-work,group O,group A,group D)

本系鋼料因不含耐高溫軟化的合金，故操作溫度不宜在200～260℃以上，主要有下列三種：

(1) 風硬中合金冷作鋼(group A)(air-hardening medium alloy)：其含碳量都很高，合金元素含量亦高，故硬化能很好，氣冷即可得到所需硬度，主要合金元素為Mn、Cr、Mo，如A_2、A_3、A_7、A_8有較高量鉻，故可在較高溫使用；A_4、A_6、A_{10}有最高量錳，故淬火溫度較低；A_8含有Si，故可提高其性；A_{10}含高量碳與矽，故可形成石墨，可改進其回火狀態的加工性，本系由於複雜的鉻化物及鉻-鉬碳化物分佈在麻田散鐵基地內，其耐磨性能很好。

(2) 高碳、高鉻冷作鋼(group D)：由於含有高量的碳(1.5～2.35 % C)及高量的鉻(12 % Cr)因此碳化物很多，而容易導致邊緣脆性，除D3外均可直接空冷而減少變形量。

(3) 油硬冷作鋼(group O)：本系內各鋼種特性與用途差不多，由不同合金元素與含量而得到不同的鋼種，如含 Mn、Cr、W、

O_2，主要以 Mn 為合金元素，O_6 則含有 Si、Mn、Cr，其含碳量最高(1.25～1.55 %)，其淬火硬度最高，這樣 O type 的鋼種的耐磨性很好，但易高溫軟化。

4. 熱作鋼(hot-work, group H)

操作溫度約 500℃ 到 750℃，熱作鋼必須能耐熱，其常溫機械性、高溫機械性質都必須很好。(如高溫強度、高溫硬度、耐高溫軟化、耐衝擊、耐熔蝕等)。其成份多為中碳合金鋼，碳量約 0.35～0.45 %，合金量 Cr + W + Mo + V 不超過 6～25 %，主要分為鉻系、鎢系、鉬系：

(1) 鉻系熱作鋼(group H7～H19)：主要元素為 Cr，加入元素 Mo、W、V 等易形成碳化物元素，使其可以耐高溫軟化，中含量 C 使其韌性良好(約 HRC 40～55)，V 又可以提高其高溫耐衝蝕性，Si 可減低其高溫氧化。

　　　本系工具鋼都具有良好的硬化深度，空冷即可得到所需硬度，因此其變形量少，適用於各種模具如鋁、鎂的擠模等。

(2) 鎢系熱作鋼(group H20～H39)：其含碳量較少約 0.2～0.4 %，但含 W 量多約 8～19 %，因此其耐高溫軟化、耐衝蝕性均較優良，但同時也較脆，工作中也不宜用水冷卻。

(3) 鉬系熱作鋼(H40～H59)：其性質介於前述兩者間，耐熱衝擊性、韌性均較佳，但脫碳及沃斯化溫度較不易控制。

5. 高速鋼(high-speed, group T, group M)

適用於高速切削的場合，有鉬系(group M)與鎢系(group W)兩種，其性質相似，但鉬系較便宜(比鎢系便宜約 40 %)。

(1) 鉬系高速鋼(group M)：主要成份為 Mo、Cr、W、V、Co、C 等，其中 C 與 V 可促進其硬度及耐磨性，Co 可增進其高溫硬度(red

hardness)，但韌性會減低，此系的硬度也隨成份的不同而異，在較低碳(0.75～0.95 %)處理後硬度約65HRC，高碳或較低碳高Co其硬度則約 65HRC，若 M40 系列為高碳高 Co 其硬度可達69～70HRC，故M40系列應用於切削較強韌的金屬，但淬火加熱期間易產生脫碳現象。

(2) 鎢系高速鋼(group T)：主要成份為 W、Cr、V、Co、C其特性是耐高溫軟化同時耐磨，鎢系高速鋼的工具尺寸通常很小。

6. 模具鋼(mold,group P)

為滲碳鋼，含碳量為0.1～0.2 %，以Ni及Cr為主要成份，另有預硬鋼，析出硬化型鋼如P21。

7. 低合金特殊鋼(special purpose,group L)

目前實用的只有兩種，L_2以Cr、V為合金，碳量約0.5～1.1 %，油淬後可得到很細的晶粒，L_7則以Cr、Mo、Ni為合金成份，以改進其韌性。

6-6-2 工具鋼的銲前準備與銲後熱處理

由於工具鋼大多為高碳高合金，都有很高的強度與硬度，故其對凹痕的敏感性很強，所以在清除表面時必須很小心，表面研磨或凹槽研磨時務必不可留下凹痕，否則銲接時強大的應力可能造成破裂，因高強度材料的應力集中係數很高。

1. 預熱(preheating)

銲前預熱對工具鋼來說是必要的，其目的是：

(1) 可以減少對工具鋼的熱衝擊。

(2) 減緩冷卻速率。

(3) 防止在銲道產生太硬的組織。

(4) 使基材與銲材的冷銲速率相等。

表 6.27　工具鋼銲接熱處理的溫度與硬度

代表性工具鋼的典型銲接和熱處理溫度與硬度

鋼料(AISI類)	工具鋼銲接種類	退火母材						硬化母材	
		預熱及後熱溫度a,°F	退火溫度°F	沃斯田化溫度,°F	回火溫度°F	硬化介質	最後硬度e HRC	預熱及後熱溫度a,°F	最後硬度3 HRC
W1,W2	水硬	250-450	1360-1450	1400-1550	350-650	B,W	50-64	250-450	56-62
S1	熱作	300-500	1450-1500	1650-1750	400-1200	O	40-58	300-500	52-56
S5	熱作	300-500	1425-1475	1600-1700	350-800	O	50-60	300-500	52-56
S7	熱作	300-500	1500-1550	1700-1750	400-1150d	A,O	40-57	300-500	52-56
O1	油硬	300-400	1400-1450	1450-1500	350-500	O	57-62	300-400	56-62
O6	油硬	300-400	1410-1450	1450-1500	350-600	O	58-63	300-400	56-62
A2	風硬	300-500	1550-1600	1700-1800	350-1000d	A	57-62	300-400	56-58
A4	風硬	300-500	1360-1400	1500-1600	350-800	A	54-62	300-400	60-62
D2	風硬	700-900	1600-1650	1800-1875	400-1000d	A	54-61	700-900	58-60
H11,H12,H13	熱作	900-1200	1550-1600	1825-1900	1000-1200d	A	38-56	700-1000	46-54
M1	高速	950-1100	1500-1600	2150-2225	1000-1100d	A,O,S	60-65	950-1050	60-63
M2	高速	950-1100	1600-1650	2175-2250	1000-1100d	A,O,S	60-65	950-1050	60-63
M10	高速	950-1100	1500-1600	2150-2225	1000-1100d	A,O,S	60-65	950-1050	60-63
T1,T2,T4	高速	950-1100	1600-1650	2300-2375	1000-1100d	A,O,S	60-65	950-1050	61-64

a：銲接的預熱與後熱溫度。　　　　　　　　　　　　c：後熱後硬度。
b：A－空冷，B－鹽浴淬，O－油淬，S－鹽浴淬，W－水淬。　　　d：雙重回火。

而適當的預熱溫度與基材的成份或熱處理狀況有關。已硬化的工具鋼其預熱溫度不得超過其回火溫度，否則產生過份回火而軟化。若工具鋼已在退火狀態，預熱溫度可以稍高，其預熱溫度可參考表6.27。對於需多道銲接的工具鋼也必須其層間溫度維持在預熱溫度之間，為了使HAZ在回火溫度以上的時間減少，輸入的熱能愈少愈好。

2. 後熱(postheating)

由於銲道的冷卻速率通常都很快，容易產生硬的組織，所以大多需要回火，即銲後熱處理。若工具鋼是部份修補者，其回火溫度由基材決定，若為全部修補者，則由銲材決定，必使表面達到所需之回火機械性質。參考表6.27。

6-6-3 工具鋼的銲接問題

工具鋼碳含量高、硬化能佳但韌性差，對於凹痕很敏感，因此銲接時常遇到下列困難：

1. 銲接破裂

由於銲接時的冷卻速率過大，因而產生很大的收縮應力，且工具鋼大都含高碳量，使熔填金屬容易吸收碳而降低其韌性，此時若再受應力則易造成破壞。

防治方法：預熱處理、或銲入較具韌性金屬、或銲後施以應力消除。

2. 銲珠下裂縫

如銲接回火狀態金屬時，冷卻時具有淬火效果，故沿著銲道會有硬質未回火的麻田散鐵生成，所以若基材發生收縮應力時易造成裂縫。

防治方法：預熱處理、或減少入熱量、或均勻的將冷卻速率減慢；或銲後進行應力消除處理。

3. 脫碳

由於工具鋼大都為高碳含量，所以熱處理時易脫碳，另外銲接時由於液體金屬很容易使 C 與 H、O 等反應形成多孔的現象。

防治方法：必須施加適當的保護氣體。

4. 雜質的介入

通常是熔填金屬表面不乾淨、銲條潮濕污染所致。

防治方法：徹底做表面清潔工作。

6-6-4　工具鋼銲條之選擇

銲條的選用必須考慮到母材的成份、熱處理條件、銲後的使用條件及銲後處理，比如銲接回火狀態的工具鋼時，銲條成份必須與母材配合，以使銲後的熱處理能表現出一致的機械性質；若銲接已硬化工具鋼時，銲後的熔填金屬機械性質必須能直接符合使用，不必再熱處理，因此銲條可分為下列三類：

1. 與母材相當的銲條

如油硬、水硬、風硬、熱作、高速工具鋼，這些銲條後即可達到所需的機械性質。其中風硬銲條為高碳、含 5％鉻，可用做加銲硬面與切削刀具或成形刀具邊緣的部份、適用溫度 500℃以下，高速鋼銲條也有同樣的作用。但含鉬量較高故工作溫度可到 500℃以上。

2. 低合金銲條

銲後再施以珠擊，在常溫可得到適當的強度與韌性，有些還可再施以熱處理。

3. 沃斯田系不銹鋼銲條

含 25％Cr，25％Ni，用於需高韌性的接縫，如破裂工具、或組合工具或銲接不同材質金屬、或作為加銲硬面的底層，但這種銲材收縮量較大必須注意。

這些銲條多含有銲藥劑與普通銲條功用類似。

6-6-5　工具鋼之條補銲

工具鋼破裂後的修補深具經濟價值，因為一個工具成品要經過多種精密加工與設計，故其破裂後的修補成為很重要的一種技術。

修補工具鋼的主要步驟為：

(1)　決定工具的鋼種及其熱處理狀態：可由原工具的規範查出或做成份分析、或測試其機械性質。

(2)　選擇適當的銲條：有些銲條銲後必須做適當的熱處理，有些銲條銲後即可使用。

(3)　修補表面準備：適當使用研磨成一均勻深度。

(4)　銲前對母材作適當的熱處理。

(5)　預熱到適當的溫度：依照規範指示。

(6)　以適當銲接方法銲接。

(7)　後熱處理到所需性質或消除應力。

當鋼材的熱處理狀態與修補位置不同，也採用不同的修補順序：

1.　熱處理狀態

回火狀態時為

預熱→銲接→消除應力→切削→硬化回火→研磨。

至於已硬化狀態的工具鋼修補順序為：

預熱→銲接→回火→研磨。

2.　修補位置

當修補位置強度要求不高時可使用非硬化普通銲條(nonhardening filler metal)，但修補處若將受到磨損時，則研磨表面在一深度後，先用普通銲條，最後一層再用工具鋼銲條，但這底下的普通銲條必須有足夠強度以支撐硬面，而硬面也要有足夠的厚度以防止稀釋的不良影響。

　　至於切削邊或成形面的部份損壞需修補時，使用的銲接材料必須能產生與母材同樣機械性質者，但若全面損壞時，只要能產生所需機械性質的銲條即可。

　　若使用銲接連結異種金屬(工具鋼)時可選用多種不同銲條，但必須注意其銲接順序－即需較高溫預熱的銲條要先銲，最後才是低溫預熱銲條，但仍需保持在基材的回火溫度以上。

　　若損壞很深或成一凹洞時，不可一次使用工具鋼銲條，因為這樣會很厚、容易破裂，最好先用高強度不能直接硬化的銲條修補之(如低合金屬)，再留一層適當厚度使用可直接硬化的工具鋼銲條銲過。

6-6-6　複合式工具件的銲接

　　有時候一個工具並不需要整體都由工具鋼製造，因為成本太高而且整體工件都相當的硬，也會容易破裂。因此最經濟的方法就是使用同時具有強度與韌性的材料作為基座，而在需要耐磨的地方再加銲一層工具鋼，如此則可以節省很多材料、金錢，並且也省略了消耗能源的熱處理，只要銲後再施加工研磨即可。

　　有時一個單一材料做成的工具，不能同時應付各種不同工作中的要求。如此，則可在各需要不同要求的工作表面，加銲各種工具鋼以符合工作要求。

　　母材可以使用軟鋼或低合金鋼，銲前必須施以適當的熱處理，以達到所需機械性質，有時為了改善母材的高溫強度，在母材上可加銲一層25-20 不銹鋼。加銲的銲條分兩種：一為鉻系風硬或油硬工具鋼，另一為鉬系高速工具鋼，兩者都可以銲接後直接使用，也可以再施加銲後熱處理。

　　銲接技巧必須顧及稀釋對工具鋼銲條的影響，比如在原材銲後填料銲接時，必須銲多道且每道較薄，如此可以減輕稀釋的影響，因為在最後一道時幾乎沒有稀釋的情況了。

▌習題

1.　簡述銲接高強度低合金鋼時可能產生之問題？
2.　說明銲接耐熱鋼時可能遭遇之問題？
3.　試舉三種常用之低溫用鋼並說明其特性？
4.　沃系不銹鋼銲接時可能產生那些問題？如何避免？
5.　繪圖說明如何利用雪佛勒圖來選用銲條銲接不銹鋼與碳鋼？
6.　試述不銹鋼的分類與特性？
7.　何謂敏感化？如何避免？
8.　試述鑄鐵的種類？
9.　試述鑄鐵的銲接方法及其銲接問題？
10.　何謂預熱、後熱，其主要作用為何？
11.　試說明工具鋼的銲接問題及對策？

WELDING

銲件之檢驗與測試

銲件在完工後，除了一般的目視檢查(visual inspection)，以肉眼或輔以放大鏡或樣板等工具，檢查銲道是否有龜裂、氣孔、夾渣、穿透不足等可視的缺陷。另外爲確保銲件的品質，還須以其他的檢驗方法，使能對銲件的性質，如強度、延性、撓度、耐蝕性等，和內部的缺陷，如缺陷的大小、多寡、分佈情形等，有一徹底的了解。

銲件的檢查，一般以是否會對被檢查物造成使用性能(serviceability)上的破壞，而分爲非破壞性檢驗與破壞性測試兩種。本章一至五節分別對目前工業界，較常用的五種非破壞性檢驗方法做一描述，而第六節則針對在銲接上，較常用的幾種破壞性測試方法做一介紹。

非破壞性檢驗因爲不須將被檢測物做成試片，所以不會造成對銲件使用性能上的破壞，因此往往可以用做製造現的品質控制，或在發生問題時，立刻將檢驗儀器或設備携至工地或現場，做實地的檢查，可以當場解決施工上的疑難或爭執。而破壞性測試，由於須將檢測物做成試片，往往會造成銲件使用性能上的破壞，且由於使用設備較爲複雜，故一般多在實驗室中進行，並多在銲接的實驗性階段即予以完成。

7-1　液體滲透劑檢驗法(liquid penetrant testing)

液體滲透劑試驗法(PT)，是一種使用有顏色的液體染料，或者使用螢光劑液體，檢驗表面缺陷的方法。

它的特點是可以檢驗表面的缺陷，但內部缺陷則無法檢驗，適用的材料很廣，如金屬、玻璃(glass)、陶瓷(ceramics)、塑膠(plastics)。凡磁粉探傷無法做的材料，即無磁性的材料，本法都可以適用，可以說是既方便又經濟。

7-1-1　原理

　　一般常用此法檢驗的材料有沃斯田鐵系不銹鋼(austenitic stainless steels)及鋁合金(aluminum alloy)、錳(manganese)、黃銅(brass)等。

　　本法常用來探測表面的間隙(surface openings)，及材料的孔隙(porosity of material)，如裂縫(crack)、縫(seam)氣孔、夾雜物(inclusion)、摺縫(folds)等的表面缺陷，尤其是使用在銲件檢驗上更為切實、方便。

　　本法所使用的原理是毛細作用(capillary action)，使得滲透劑能被吸入材料之裂縫或孔隙中，而後藉由燈光照射或由肉眼觀察之。

　　本法所使用的滲透劑有二大類：A為螢光滲透劑(fluorescent penetrant testing)；B為可見滲透劑(visible penetrant)。滲透劑必須具備下列之特性：

(1)　小的表面張力(lower surface tension)。

(2)　流動性高(high fluidity)。

(3)　黏度小(lower viscosity)。

(4)　易於沾濕(higher wettability)。

　　使用PT方法十分容易，簡而言之，有下列的步驟：

(1)　清潔試件之表面。

(2)　使用滲透劑。

(3)　等待一段規定的時間(使滲透完成)。

(4)　除去表面多餘的滲透劑。

(5)　使用顯像劑(developer)。

(6)　檢查結果、記錄，或照相存檔。

(7)　除去殘留的滲透劑，如果必須的話。

　　而A類與B類之區別，在於若使用A類螢光劑滲透法，必須藉助紫外線燈(ultraviolet light)或"黑燈"(black light)和暗房，才能顯現缺陷處；若使用 B 類染色可見滲透劑，則可由肉眼觀測不必用黑光燈。

　　但是若要求精細一點的檢驗，則應該使用A方法較佳，因為眼睛要觀測微小裂縫比較容易。

　　步驟大約如圖 7.1 所示。

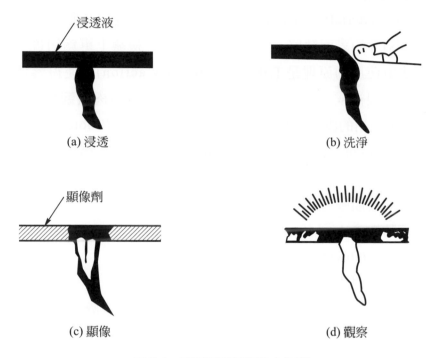

浸透液

(a) 浸透　　　　　　　　　　　　　　(b) 洗淨

顯像劑

(c) 顯像　　　　　　　　　　　　　　(d) 觀察

圖 7.1　液體滲透劑檢驗之步驟

7-1-2　適用範圍與設備

　　對於銲件的觀察，本法是最通常使用的方法，也是非破壞檢驗法(NDT)中，對表面檢驗最快速經濟的方法。表面缺陷如果存在的話，日後也許會造成大問題，所以務必要找出來予以除去或補救。微小的裂縫可能會連接起來，而成為較大的裂縫，造成斷裂或破壞，所以絕不可忽視。

　　尤其是容器和管子的銲接，如果不查出缺陷所在，則可能造成大裂縫而導致不可收拾的局面。

　　不像其他的非破壞檢驗法，本法只需要很少的裝備，即可完成此一檢驗工作，以下列出所需之裝備：

(1)　容器用以盛裝溶液。

(2)　噴霧器罐(aerosol-spray cans)，用以噴出滲透劑。

(3)　高強度紫外線燈(high intensity ultraviolet light)。

(4)　遮光設備(暗房)。

(5)　相關器材如放大鏡、燈光、紙巾、吹乾設備、碎布等等。

　　其中紫外線燈可以用黑光燈取代，波長是 3300～3900Å，一般 3650Å 較佳，而噴霧罐裝探傷劑，有染色用的、有螢光用的。一般只要數分鐘即可達到功效，而噴上之探傷劑又可用一種顯像劑(developer)使其被吸出，而顯現在缺陷表面。

7-1-3　檢驗劑材料

　　液體滲透檢驗法使用的檢驗材料，包括有下列幾種：

(1)　螢光或者染色之滲透劑(penetrants)。

(2)　感光乳化劑(emulsifiers)。

(3)　溶劑，用於除去雜物。

(4)　顯像劑(developer)。

　　這些檢驗材料在使用時，對受檢材料不能有負的作用，否則可能會損傷試件。以下詳述這幾種材料的特點：

1.　滲透劑(penetrants)

　　有一類是用水溶性的滲透劑，這種試劑在使用至試件上一段時間後，用水即可擦去；但擦時要小心，避免擦去要檢驗部位的試劑。

另一種是急速乳化滲透劑，它是不溶於水的，用水也擦不掉，只能用另一種配好的乳化劑，能溶化滲劑使其易擦掉，這種類似於一種專用的溶劑。

滲透劑若需要用溶劑除去的話，可以用沾濕的布重覆的擦拭，直到滲透劑擦乾淨為止。但是擦的時候要小心，不要把要檢驗的地方也擦掉了，否則就須重做一次，但水溶性的滲透劑效果會比較差，因為水往往會沖掉了被檢驗部位的滲透劑。

2.　乳化劑(emulsifiers)

這是用來乳化表面的滲透劑，使得檢驗部位以外要除去的多餘滲透劑得以除去，使用乳化劑後，用水即可擦去多餘之滲透劑。當然，以上是指非水溶性的滲透劑，否則只需用水擦去即可，不必再用乳化劑來擦拭。

3.　顯像劑(developers)

有一類乾粉顯像劑(dry powder developers)，非常方便使用，但使用時要注意，不可弄髒了顯像劑，否則效果會打折扣。

另外一種水性乾粉顯像劑，使用時需使顯像劑溶於水中才能使用，而到底是否只溶於水，要看該顯像劑之特性而定。還有一種是非水性的懸浮粒顯像劑，使用時用靜電噴佈槍或者空氣噴霧罐噴在已經做好滲透之試件上，如此則會形成一層白色的外表在檢驗試件的外面，再用肉眼或者紫外線燈檢查。

顯像劑之功用，是把存在孔洞缺陷中之滲透劑吸出來，以變成可見的表層，如果是螢光試劑尚須照射黑燈。

7-1-4　檢驗步驟

檢驗法有二大類，一為螢光劑滲透檢驗(FPT，fluorescent penetrant test)，一為染色滲透劑檢驗(DPT，dye penetrant test)。

　　這二種檢驗方法使用之溫度都需在 15℃ 至 50℃ 之間，所以試件之溫度不可以高出此範圍。要得到滿意之結果，則表面最好經過研磨或加工，如此缺陷將能更清晰的顯現出來。

　　以下用一個流程圖把這二種方法略做說明，一般而言，它們都需經過下列幾項步驟：

(1)　洗淨。

(2)　滲透。

(3)　擦淨。

(4)　顯像。

(5)　觀察。

(6)　清除殘留物。

　　以下分兩部份說明：

1.　A 類：螢光滲透劑檢驗(FPT)

　　螢光滲透檢驗劑分為水溶性及乳化劑型可依需要選擇，而顯像劑也是依需要來決定種類。

(1)　清潔表面(precleaning)：這是很重要的步驟，若表面缺陷被污物封住，那麼滲透劑進不去，也就無法做檢驗。像污物(dirt)、油脂(grease)、銹皮(scale)、酸(acid)、鉻酸鹽(chromates)，這些常見的雜物常附在表面必須除去。除去它們有許多方法，最常用的是用溶劑清潔之，但溶劑必須要有某些特點才能使用，如揮發容易(volatile)，常用如丙酮(acetone)、酒精(alcohol)等溶劑。若是銹皮則可以用鋼絲刷(wire brushing)或是噴砂(sand blasting)除去。

(2)　吹乾(drying)：這是很重要的步驟，如不吹乾，殘留的液體會在孔穴中而妨礙滲透劑進入，可以用暖風爐吹熱風或放置在室溫中，要注意的是，試件的溫度不可上昇超過 50℃。

(3)　使用滲透劑(penetrant application)：在經過洗淨且吹乾，而且在適當的溫度下不可超過50℃，此時即可使用滲透劑，注意到整個面都必須塗佈，以檢驗其缺陷。

　　塗上滲透劑有很多方法，如浸入法(dipping)，用刷子刷上(brushing)，沖洗法(follding)或者噴佈法(spraying)。小件的可以放在桶中，用浸入的方法即可有滿意之效果；大件者，以及外形複雜者，可採毛細作用。效果不佳者，可以用噴佈法，但要注意通風設備，以免吸入過量的氣體。

　　至於滲透所需要的時間，則視所使用的滲透劑而定，預必使其能夠充份進入缺陷中，一般除了滲透劑本身之成份外，溫度也會影響滲透時間。

　　一般從3分鐘至60分鐘不等，如果在室溫，通常只要3至10分鐘即可。材料吸收滲透劑的能力，也必須列入考慮。

　　滲透劑本身的性質如前所述，如高流動性、低黏度和親濕性強等。

(4)　除去多餘滲透劑(removal of excess penetrant)：依所使用的滲透劑不同，除去多出來的滲劑有不同的方法。若是可以水洗的(water-washable)，可直接用水擦拭或噴水，即可除掉；水溫最好是在20℃至45℃之間，但擦的時間要注意，勿太過份而使得要觀察的地方之滲透劑也被擦掉，最好是在黑燈下擦，如此便可知道那裏要留著，而那裏需要擦掉。如果用水洗不掉的話，如急速乳化滲透劑便是，此時要用一種乳化劑(emulsifier)來擦拭，至於要等多久才可以擦，也是要看乳化劑之製造廠商的規定。

　　如果是需要溶劑才能擦得掉的滲透劑，就要使用特殊的溶劑，可用布擦拭或者用洗的；同樣地，也要避免過度的擦拭，以免效果不佳。

　　一些特別的情形下，不可使用溶劑來擦拭，以免損及正確性，例如某材料對某些溶劑有其它化學反應者應避免使用。溶劑可以是三氯乙烯(tichloroethylene)或丙酮，不過需注意有毒性及易燃性，使用時特別注意。

(5) 乾燥試件(drying of parts)：試件乾燥是很重要的，可用熱風爐以熱風吹乾，或是放置在乾燥的室溫中，但是溫度不可太高，應低於 50℃，而且時間不可太長，過長的乾燥時間會使得滲透劑蒸發；時間長短看試件之大小、性質，以及數目而定，而一點點的蒸發是免不了的。

(6) 顯像劑塗佈(application of developer)：一種濕的顯像劑，由水以及乾粉懸浮組成，可在擦拭吹乾後立刻使用。使用後仍然要用暖風吹乾，或者使用空氣吹乾。另一種非水性的濕顯像劑(nonaqueous wet developers)也常用。如果使用乾式顯像劑，則試件一定要擦乾。使用懸浮式濕顯像劑時可以用噴的，或者用刷的。不過用噴的比較好，可以得到較均勻的分佈，如果用刷的要注意不要刷太厚。

　　噴佈設備可以用噴槍或者整罐的，但要注意，應使顆粒充份攪動。而且要避免顆粒凝結在一起，而噴時結成一團更要避免。

　　若是顯像劑粉末使用過多時，可以用低壓力乾風吹走(5～10psi)，以免影響觀察。顯像時間隨製造者不同而有所不同，但一般而言，不可以少於 7 分鐘，如果顯像效果不佳，那麼 30 分鐘以上也可以。

(7) 觀察(inspection)：經過足夠時間的作用之後，滲透劑被吸出來而得以顯現缺陷，顯影時間大約只要滲透時間的一半。

試件需要在黑暗的地區，用布幕遮蔽光線，而後用黑燈照射之後，缺陷會顯現出來，而黑燈之強度至少為$800\mu\omega/cm^2$，周圍亮度要小於3呎-燭光。如果必要的話，可以用相機拍下以存檔。

(8) 清潔處理(post-cleaning)：這是必須的程序，如果滲透劑含有使受檢材料腐蝕成份時，更必須徹底清潔，以免殘留縫中，而造成日後更大的缺陷。

一般清洗方法有水洗、機械式清洗，蒸汽清除，溶劑吸取或用超音波清洗，一直到確定試件是乾淨的為止。

2. B類：染色滲透劑檢驗(DPT)

DPT是使用看得見的染料當做滲透劑，其過程類似FPT的方法。滲透劑有水洗得掉的，也有需溶劑才能除掉的；顯影劑也分成乾粉式的，液體懸浮粒式及非水式濕顯影劑，後者最常用。

它的步驟為：

(1) 清潔表面(precleaning)：如FPT方法所述，參考前面。

(2) 吹乾(drying)：同前述之方法。

(3) 使用滲透劑(penetrant application)：可用噴的、刷的，或浸染。用噴的會較均勻，用刷的較能控制塗佈面的大小。

(4) 足夠的滲透時間(sufficient dewlltime)：滲透之後必須有足夠的時間使其達到目的，時間的長短與環境、材料、溫度有關，維持在10℃至35℃會有最佳之效果，但滲透劑不可乾掉，否則必須重做。

(5) 除去多餘的滲透劑(excess penetrant removal)：水洗性的可用水洗掉，乳化型的要用乳化劑乳化後再用水沖洗。清潔可用布或吸水紙，一直擦拭直到乾淨。溶劑有很多種，如三氯乙烯、丙酮、揮發性石油醚，前二者有毒，後者易燃要特別注意。

(6)　使用顯像劑(application of developer)：同前所述，使用顯像劑前試件必須吹乾，而非水性顯像劑是最常用的。

(7)　檢查(inspection)：等待一段時間使顯像劑吸出紅色或黃色的染料後即可觀察，而等待的時間看裂縫的大小及形狀而定，深而小的裂縫至少需要 7 分鐘，或者更長的時間和 FPT 不同的是，它不必用紫外線燈或黑燈來觀察，可用日光燈或自然光線來觀察，不過其亮度至少要 32.5 呎一燭光以上。

(8)　最後清潔(post cleaning)：避免殘留物有害於試件本身，而造成其他的傷害。

7-1-5　注意事項

液滲法(LPT)檢驗可以發現最普遍的缺陷是裂縫(crack)，一般的裂縫都是不規則狀的，使用LPT方法正足以顯示其形狀，使得我們得以測量裂縫的長度及寬度。

一般銲蝕(undercut)及堆搭處(overlap)比較不容易測出其缺陷，另外表面的孔隙(porosity)、氧化物(metallic oxides)及銹皮(scale)，將被同時被顯示出來，因此判別是否為裂縫時要特別注意。

另外，大裂縫之顯現較容易，而小裂縫因為吸收滲透劑較慢，故一定要等長一點時間才會出現，而不要以為工件是沒有缺陷的。

如果擦去滲透劑時沒擦乾淨，也會造成不適切的指示或錯誤的指示，造成缺陷的誤判，故擦試時千萬不可馬虎。可以輕磨掉表面，再做一次試驗，即可知是否為適切的指示(relevant indication)。如果缺陷在表層之下，則需用磁粉檢驗法，滲透劑是檢查不出來的。

7-1-6　液態滲透劑檢驗法之優缺點

1．優點

(1)　沒有磁性的材料亦可以檢驗，可以驗測磁粉無法檢驗的材料。

(2)　步驟程序簡單，易學易做。

(3)　設備簡單，花費便宜。

(4)　檢驗速度極快。

(5)　極細微的裂縫亦可檢驗出來。

(6)　可以測量缺陷之長度、寬度及型式。

2．缺點

(1)　表層以下的缺陷無法檢查，須改用磁粉法檢驗。

(2)　某些顯像劑及溶劑有毒及易燃性，須格外小心使用。

(3)　使用溫度不能過高，一定要待試件冷卻才可用。

(4)　不能適用於多孔性材料，否則會造成整件都是缺陷，而不知道真正的缺陷何在。

(5)　檢驗之缺陷常因加工磨屑而塞住了缺陷，使得滲透劑進不去。

(6)　銲蝕(undercut)因毛細作用的關係，較不容易滲透進去而現出缺陷。

(7)　時間要久一點，微小的缺陷才會顯現出來。

(8)　擦拭不乾淨時，會造成對缺陷之誤判。

(9)　殘留之滲透劑存在缺陷內不容易完全洗淨，可能造成腐蝕。

(10)　檢驗銲件要表面平坦，否則易造成除去滲透劑之困難，而影響檢驗。

7-2　磁粉檢驗法(Magnetic Partical Inspection)

　　磁粉試驗法，是一種偵測具有鐵磁性材料內不連續(discontinuities)瑕疵的方法。這種檢驗方法可以偵測出，由肉眼無法分辨出的細微表面瑕疵，甚至藉著特殊的設備，在表面下(subsurface)的瑕疵亦可偵測出來。

　　並非所有的不連續缺陷都會損害機械的使用性能，因爲有的不連續缺陷發生位置並不會對機械造成不良影響，故有的瑕疵是可以忽略的。但有些地方卻非得非常注意不可。故對於這種方法檢驗出的結果判斷，也要有專業性的知識。

　　應用磁性粒子檢驗應考慮下列幾點：

　(1)　試件的大小，截面的型式。

　(2)　用何種技術實施檢驗？

　(3)　應該捨棄的不連續型態和位置如何？

　(4)　可以接受的不連續型態和位置如何？

　(5)　須更進一步的檢驗標準如何？

　　以此方法檢驗銲接試件，可以測出表面裂痕，不完全熔融、凹陷、表面下裂痕、縫隙及穿透不良等。

　　磁性粒子檢驗只適用於具有鐵磁性之材料，且銲接件無論是母材或填料最好都具有相同的磁特性，否則即須考慮對檢驗所造成的影響。又內部組織是否均質，也將會對磁化有所影響，也須作通盤的考慮。

　　對於檢驗的靈敏度，最佳的情況是缺陷與磁力線方向垂直，此時缺陷才能對磁力線有擾流扭曲的效果，增強磁粉的附著性，以顯現檢驗結果。

7-2-1　磁粉檢驗之原理

1.　一般磁鐵具有南北兩極，在兩極的周圍空間中，會造成磁場，如圖7.2(a)所示。

2.　當把磁鐵分成兩部份會各自造成新的磁極，和原來兩端的磁極相反，如圖7.2(b)。

3. 若將磁鐵作成一缺口，在缺口部份猶如新生磁極，在其附近有磁場作用(漏磁)，如圖 7.2(c)。

4. 若一材料經磁化後，其上的瑕疵亦將如缺口般產生漏磁，如圖 7.2(d)。

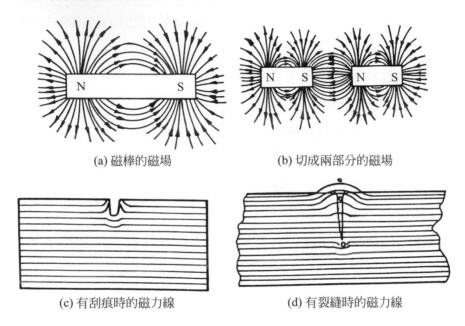

(a) 磁棒的磁場　　　　　　　　(b) 切成兩部分的磁場

(c) 有刮痕時的磁力線　　　　　　(d) 有裂縫時的磁力線

圖 7.2

7-2-2　磁　化

1. 以 "右手定則" 決定電流與磁場方向，如圖 7.3(a)所示。

2. 磁化可分：周向磁化(circular magnetization)、縱向磁化(longitudinal magnetization)。

3. 使試件磁化之方法

　(1)　接觸棒感應，如圖 7.3(b)所示。

　(2)　電流直接通過試件或其一部份，如圖 7.3(c)所示。

　(3)　導體通電流，如圖 7.3(d)所示。

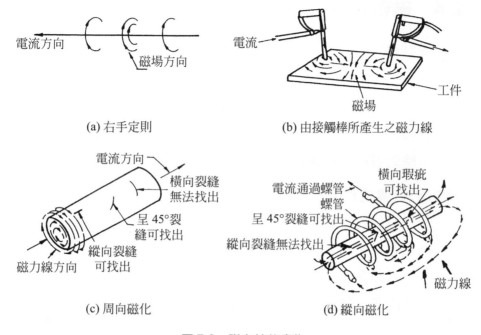

(a) 右手定則　　　　　(b) 由接觸棒所產生之磁力線

(c) 周向磁化　　　　　(d) 縱向磁化

圖 7.3　磁力線的產生

7-2-3　磁化電流之特性

1. 直流電

   磁化效果較深，適用於表面或表面下之瑕疵。

2. 交流電

   有 "皮膚效應"(skin effect)磁化效果較淺，適用於表面之瑕疵。

3. 半波整流交流電(HWDC)

   有脈衝效應，使磁粉流動性好，且穿透能力良好。

4. 儘量使用低電壓高電流。

7-2-4 磁粉特性

1. 粉末狀(乾式)

(1) 具有高導磁係數，低保磁性之粉末。

(2) 表面經過處理，使具有較佳流動性。

(3) 有顏色，能與試件有強烈對比作用。

(4) 多餘的磁粉，以適當的氣流吹除。

2. 懸浮液(濕式)

(1) 使用輕油或水當液體。

(2) 依規定比例加入油或水中，攪拌使不沉澱。

(3) 磁粒若以螢光劑處理，以黑光照射使之發光，可迅速測出瑕疵。

(4) 對於隅角、鍵槽、栓槽、深孔等更有價值。

7-2-5 檢驗方法

1. 連續法

磁化電流尚在作用中即施加粉粒。

2. 殘磁法

先通電流磁化後，再施加粉粒，試件須具有優良的保磁性才行。

7-2-6 退磁(demagnetization)

1. 需要性

端視使用時，是否應殘磁造成損害而定。如運轉機件，可能吸住碎屑、粉屑。而飛機零件，可能擾亂羅盤，造成飛航安全問題。

2. 方法

持續反覆加以漸弱的反向磁場。

7-2-7　磁粉檢驗法之優缺點

1.　優點

(1)　適用於檢測鐵磁性材料之試件。

(2)　可同時檢測試件表面或表面下裂縫之最佳方法。

(3)　操作簡單、迅速，可作現場檢測。

(4)　與其他非破壞性檢驗比較，其所須儀器及人力、成本及單件檢測費用均相當低廉。

2.　缺點

(1)　不能作非鐵磁性試件之檢測。

(2)　表面下瑕疵能否被偵測到受到諸如深度、方向、和指向等幾種因素之影響。

(3)　點狀夾渣不易偵測到。

(4)　除非離表面很近，否則細微裂縫很難偵測到。

(5)　如果試件輪廓變化顯明，將產生局部漏磁而得到錯誤的顯示。

(6)　緊臨銹垢邊緣處也易產生錯誤瑕疵顯示。

(7)　導磁率的突然變化將產生錯誤顯示。

(8)　通常冷作會引起導磁率之變化而產生錯誤指示。

(9)　銲接之檢驗通常在金屬和銲道邊界處也會有錯誤的顯示。

(10)　脫碳區邊緣也會產生線狀的磁粉顯示。

(11)　經過酸浸蝕後之試件不能使用磁粉檢驗法，因為浸蝕結果使瑕疵開口變寬，並使尖銳角變圓，使得漏磁減少影響磁粉的顯示。

7-3　渦電流檢驗法(eddy current inspection)

　　渦電流檢驗法是利用一組交流線圈置於試件近處，使此試件產生渦電流感應，這些渦電流感應即產生本身之磁場，而此一磁場恰與交流線圈之磁場相反，增加了交流線圈之阻抗，而線圈之阻抗是可以測量的，當交流線圈通過材料內之缺陷時，金屬材料內的渦電流感應會發生變化，於是可利用此渦電流感應變化，促使線圈阻抗變化，來判定金屬內的缺陷或裂縫等。

這些阻抗變化可利用特殊設計的電子線路及示波器顯現出來。渦電流於銲接上適用於管路銲件的探傷，應用並不是十分廣潤，但這主因是渦電流檢測尚在起步階段，目前因從業者缺乏對基本原理的認識，和一些儀器尚未發展成型，因此在使用上尚有很多限制，但遠景卻是相當光明。

7-3-1　渦電流感應的影響因素

當通有交流電的線圈接近金屬試件表面時，由於電磁感應會在金屬表面感應渦電流，此渦電流大小影響因素如下：

⑴　交流電之頻率和電流大小。

⑵　導磁係數(試件)。

⑶　導電係數(試件)。

⑷　試件的形狀(如圓柱、空心管等)。

⑸　線圈和試件的相對位置。

⑹　試件是否有瑕疵或不均勻性存在。

上述原因影響渦電流的大小，因此便可利用這些渦電流變化檢查下列項目：

⑴　金屬分類、裂縫、孔隙和含渣之偵測。

⑵　平板和管路厚度之測量。

⑶　鍍層厚度測量。

⑷　導電金屬材料上非導電薄膜之測量。

⑸　試件的物理或化學或金相結構差異的存在。

但須留意的，有時一些試件可接受的品質變異(如冷加工所造成的不均勻性)，所引起的渦電流變化，或是在檢測過程中，線圈和試件相對位置的變化，干擾了檢測結果而形成誤差。

7-3-2　渦電流的感應深度

由於線圈是通入交流電，感應的渦電流集中於試件的表面，即所謂的皮膚效應(skin effect)，平板導體中的渦電流隨著表面下的深度之增加，而成自然對數的減少。其穿透深度由下列表示：

$$\delta = \frac{1}{(\pi f \mu G)^{1/2}} \tag{1}$$

δ　：穿透深度，公尺

f　：頻率，cps

μ　：導磁係數($4\pi \times 10^{-7}$亨利／公尺，對非磁性材料言)

G　：容積導電係數，姆歐／公尺

上述深度是指平板導體，在一均勻磁場下，為表面之渦電流的37％($1/e$)的深度，但對於非均勻的磁場，而且不是平板表面之試件，則渦流電深度之計算不能以(1)式求得。

7-3-3　渦電流的偵測

因產生渦電流變化變數相當多，所以它的偵測技術相當複雜。通常線圈和試件位置的改變，所引起的渦電流變化，可以由時間或相位關係或渦電流大小來分別，瑕疵、物理、化學或金相結構之變化，均可由單獨線圈阻抗的變化來偵測出來。

一般常用的線圈型式如圖7.4所示可分類為下列三種：

(1)　外繞線圈(concentric coil)。

(2) 探頭線圈(point probe)。

(3) 內繞線圈(inside or bobbin coil)。

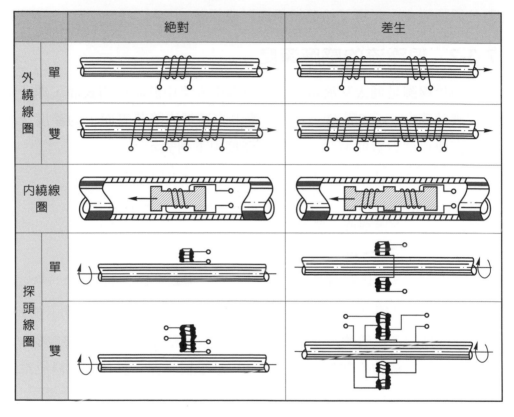

		絕對	差生
外繞線圈	單		
	雙		
內繞線圈			
探頭線圈	單		
	雙		

圖 7.4 產生渦電流之線圈型式

外繞線圈是指線圈圈繞於試件外側，可偵測環狀試件。它的偵測有效寬度便是線圈寬度，探頭的線圈較小，可以置放於試件表面，偵測有效面積就是探頭截面積，內繞線圈可偵測管件，其線圈可在管路內移動。

另一種線圈的區分方式是：

(1) "絕對"(absolute)線圈。

(2) "差生"(differential)線圈。

所謂"絕對"線圈是指不須加參考或標準試件的線圈，也就是只須要試件上的線圈即可。

"差生"線圈是指兩線圈串聯在一起，但所繞的方向不同，它可以用兩種方式來使用，如下：

(1) 一個線圈繞於試件，另一線圈繞於已知無瑕疵試件上，如試件無瑕疵，兩端的輸出電壓為零。

(2) 另一種方式是兩線圈安排於同軸上，將測試片通過這兩個線圈，試件的一邊和相鄰的一邊相互比較，差生線圈對短裂縫或縫隙很靈敏，但如裂縫長到超過兩線圈之寬度，將無法顯示出瑕疵的存在，除非瑕疵進入或離開系統時，也就是裂縫兩端點剛進入或剛退出線圈時，才會有訊號輸出。

線圈、探頭通常使用三種方法來增加靈敏度或鑑別率：

(1) 使用磁心。

(2) 線圈或探頭使用銅或磁性材料來屏蔽。

(3) 線圈也可以用調協線路來增加靈敏度。

7-3-4　渦電流檢測之優劣點

渦電流檢測範圍十分廣，包括裂縫、孔隙、雜質、腐蝕、殘留應力等均可檢測，但應用於銲接有幾項困難：

(1) 銲道粗糙不平。

(2) 熱影響區的不均質性，影響到銲道旁的母材裂縫，不易察覺。

(3) 許多銲件因使用情況限制，而無法用渦電流偵測，如房屋樑架等。

以上困難，可以用偵測系統的電子電路設計改良，所以渦電流利用於銲件檢測，應仍是深具發展性。

7-4 超音波檢驗(Ultrasonic Testing)

　　一般人耳可聽到的音波頻率範圍大約在16Hz和20kHz之間，而超過此種人耳可聽範圍的頻率之聲波即稱之為超音波。超音波檢驗係利用高週率的聲波滲入銲道內部，其原理與探測海中的潛水艇之原理類似，一般檢驗所用振動數在 0.5～15MHz。由於波長短，故易通過固體結晶內部，如遇密度較低物質，則不易通過而易反射，故可依此原理以檢測內部缺陷或裂縫。

7-4-1 超音波的發生與基本原理

　　超音波發生的方法，如圖7.5所示，首先從信號產生器(generator)發出電氣的振動能量，加給振動子(transducer)；藉由振動子將電氣振動能量，轉換成為機械的振動能量。

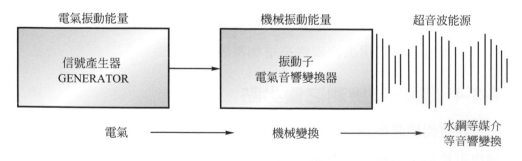

圖7.5 超音波的發生原理

　　一般檢測所用頻率範圍在1MHz到25MHz之間，此高頻率音波能由測頭(probe或稱transducer)經接觸媒質(couplant)傳入物體，直到碰到不同介質時，碰擊之音波先折回，而未碰者則直透過到銲件之末端才轉回，而由探測頭轉換成電能顯示於陰極射線管(CRT)上，借著螢幕上的回波顯示,以判定銲道所生缺陷的種類及位置,其基本概念如圖 7.6 所示。

　　超音波檢測系統,可藉由圖 7.7 所示方塊圖,顯示其作用原理。超音波藉探頭傳遞及接收聲波信號,再呈現於陰極射線管上,由陰極射線上所呈現的型態,可以得知缺陷的存在。

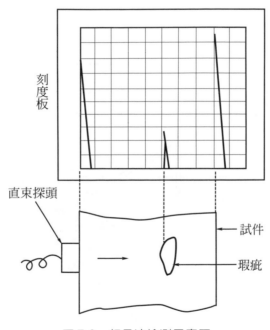

圖 7.6 　超音波檢測示意圖

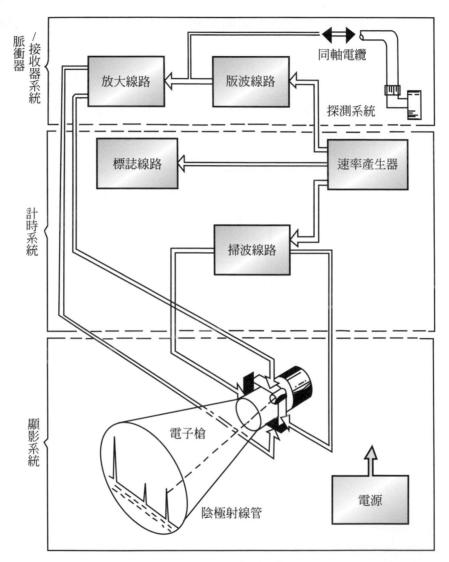

圖 7.7　超音波檢測系統

7-4-2　超音波設備及配件

1.　超音波探傷儀

探傷儀的機體係由陰極射線管、電晶體等各種電子零件所組成，探傷儀前面面板裝設有控制用旋鈕，如圖 7.8 所示。探傷儀最基本的構成為產生電氣脈動的發射器，經由此脈波改變而成超音波，並接收由缺陷反射回來之回波(echo)，其音壓經過探頭轉變成電壓，此電壓再經接收器增幅，並於陰極射線管上表現出來，而由時間軸上得知缺陷的位置，其方塊圖如圖 7.9 所示。

2. 探測頭(probe 或 transducer)

一般探測頭有壓電型、電歪型、磁歪型等數種，圖 7.10 為常用的壓電型探測頭內部構造形式。

探測頭的功用在於用電壓電晶體，將高壓電脈衝變成機械式振動產生超音波，或接收超音波之脈衝而轉換成電脈衝至探傷儀，以顯示在 CRT 上，一般探測頭有發射和接收都是在同一壓電晶體，也有將發射晶體及接收晶體分別設置因檢驗需要，將波傳遞方向分為直束型及斜束型兩種，如圖 7.10 所示。

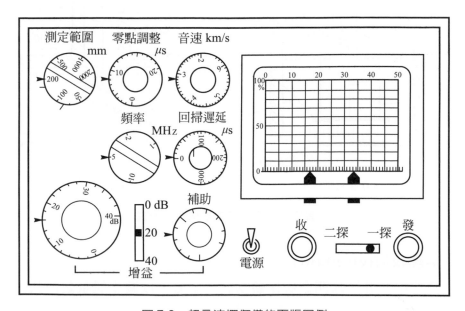

圖 7.8　超音波探傷儀的面版圖例

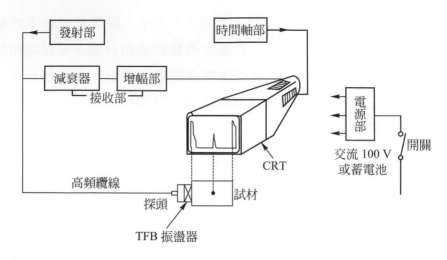

圖 7.9　超音波探傷儀之方塊圖

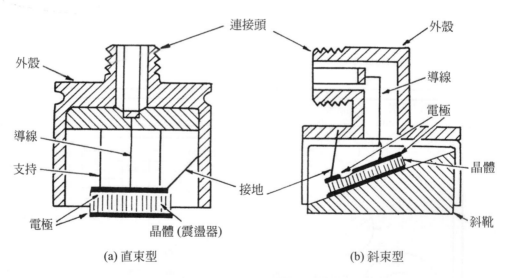

(a) 直束型　　　　　　　　　　(b) 斜束型

圖 7.10　探測頭內部構造及型式

3.　接觸媒質(cluplant)

　　其功用在於排除測頭與檢驗物間之空氣，以減少能量之散失，常用的接觸媒質如下：

(1)　SAE-10、20號機油。

(2)　水或稀調劑。

(3)　調稀甘油。

(4)　水玻璃。

(5)　變壓器用油。

一般平面檢測，以質地淡薄而不易流散之媒質，如檢測垂直面，則用黏度較高者爲佳。

4.　標準塊規(standard test block)與參考塊規(reference block)

標準塊規用於儀器特性試驗及時間、靈敏度調整用，而參考塊規則與試件材質相近，以做爲調整測試之參考。

7-4-3　常用材料測試之音波頻率

表 7.1 爲一般常用材料所用超音波頻率之參考。在實際檢測時，則必須依其板厚、材料、選擇最適當的檢測頻率。

表 7.1　各種材料的超音波檢測頻率

常用頻率範圍	應用材料
200kHz～1MHz	鑄造件：灰鑄鐵、晶粒較粗材料如銅、不銹鋼。
400kHz～5MHz	鑄造件：鑄鐵、鑄鋁、鑄銅與其他細密晶粒。
200kHz～2.25MHz	塑膠與類似塑膠的材料，如：固態火箭燃料。
1～5MHz	輥軋製品：金屬片、板、棒、錠。
2.25～10MHz	擠拉製品：棒、管、模子。
1～10MHz	鍛造品：所有鍛造出來的產品。
2.25～10MHz	玻璃與磁器。
1～2.25MHz	銲接、熔接品。
1～10MHz	持續觀察，尤其是疲勞裂痕。

7-4-4 超音波之各種檢測方法

有幾種不同的檢測方法已成功的應用在超音波檢測法上，如：

⑴ 脈波回波法(pulse-echo)。

⑵ 穿透法(transmission)。

⑶ 共振法(resonance)。

⑷ 頻率調諧法(frequency modulation)。

基本原理分別如下：

1. 脈波回波法

以脈波超音波束經媒質傳入試件，在背面波束反射，回波由一測頭接收，此測頭可為原發射器或另一測頭當接收用，而如遇瑕疵將送回波回來，在示波器上量測起始波與回波時間間距，由回波之振幅及時間間距，可量其瑕疵之大小及相對位置，其原理如圖7.11所示。

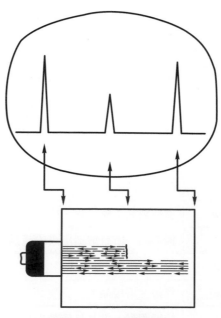

圖 7.11 脈波回波法

訊號產生方式可分為

(1)　A掃描(A scan)。

(2)　B掃描(B scan)。

(3)　C掃描(C scan)。

一般探傷儀以A掃描式居多，其掃描原理如圖7.12所示。

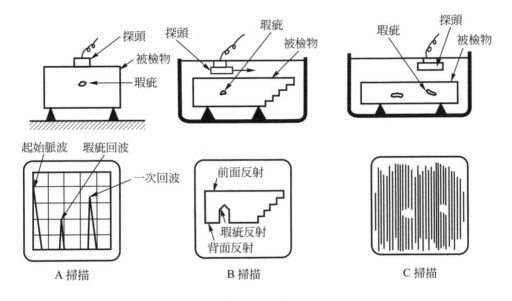

圖7.12　A掃描、B掃描及C掃描

2.　穿透法(transmission)

如圖7.13所示，此系統包括一發射和一接收探測頭，掃描組件和記錄系統，可透過試件而得到永久的平面記錄、發射測頭和接收系統在一直線上同步移動。

3.　共振法(resonance)

其使用一可調頻率之振盪器驅動測頭，如試件厚度等於振盪器調頻時，則生共振現象，共振使測頭吸收能量增加，此能量可由適當的儀器顯示出來。

4. 頻率調諧法(frequency modulation)

　　在頻率調諧法中只用一個測頭，此測頭將能量連續傳送和接收，由
送出頻率與回收頻率之差異，可判別瑕疵的深淺。一般瑕疵厚度愈深，
其頻率相差亦愈大。

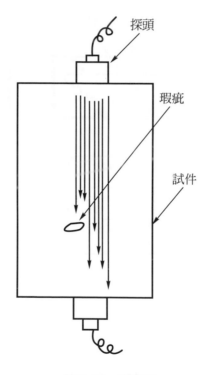

　　圖 7.13　穿透法

7-4-5　超音波檢測之優劣點

　　超音波檢測方法欲有效達成檢測目的，需要對其原理及操作技巧相
當熟練後，方能有效判知缺陷所在，故其困難度較高，然而此種方法由
於不需破壞材料，而可以判知缺陷是否存在及其位置、大小、形狀，而

可使銲接後材料之品質確保無疑，隨著科技的進步，及人們對於成品要求其品質愈形嚴格之趨勢，可以預見的是這種檢測方法在未來將愈受重視，而其檢測的技術將愈隨著科技的進步而更加簡單。

7-5　放射線檢驗法(radiography Inspection)

　　放射線檢驗法為銲接內部缺陷之檢查中，使用最廣的方法，檢查之結果也最為確實。將X射線對銲接處照射並透以複印在底片及螢光板上，再依其缺陷形狀、大小與集合之程度分別等級，以判定銲接部之品質。

　　這種利用材料的透射或吸收特性，將該材料內部存在的任何缺陷化作一可見影像的方法，必須材料的缺陷或不連續和材料有不同的吸收特性。

7-5-1　X射線檢查之原理

　　X射線產生的原理，乃是由於極高速度的電子撞擊於物質上而產生。在赤熱玻璃內之鎢絲陰極受熱而發射電子，並以高壓加速衝擊於陰極靶，此電子束激發了在靶中的電子，使靶發出一個連續光譜，波長約為$0.04 \sim 500\text{Å}$之X射線(如圖7.14所示)。如此發出的X射線就直接進入要被檢驗的材料內部，此時有一小部份的X射線會穿透該材料，使得底片曝光，如圖7.15所示。

　　入射的X射線強度(I_0)，取決於三個因素：

(1)　真空的電壓越高，產生的X射線波長越短，能量越高。

(2)　真空管到底片的距離如果太長，則X射線會散開，其強度與真空管到底片距離的平方之倒數成比例。

(3)　真空管內的電流增大，則發出的X射線束強度也增大。

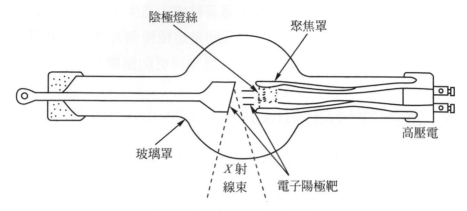

圖 7.14 X 射線產生之示意圖

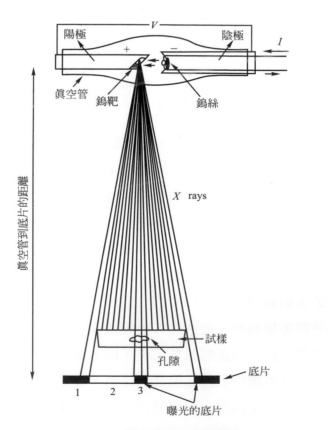

圖 7.15 X 射線檢測法之裝置圖

透出的 X 射線束強度取決於材料的吸收特性與厚度。

$$I = I_0 \exp(-\mu x) = I_0 \exp(-\mu m O_x)$$

其中I_0為入射 X 射線束的強度，μ為線性吸收係數(mas absorption coelficient cm²/g)，ρ為密度(g/cm³)，x為材料的厚度。

X 射線之產生，有使用 X 射管以高電壓變壓器加速之低能量 X 射線裝置，也有使用粒子加速器之高能量 X 射線裝置。

表 7.2 是 X 射線低能 X-ray 與用粒子加速之高能 X-ray 對鋼鐵材料檢驗時的穿透能力。

表 7.2　X 射線對鋼之穿透能力

最大加速電壓	對鋼的穿透範圍 (mm)　　　　　(in)	
傳統 X 射線		
150 kV ....Up～16	$Up \sim \dfrac{3}{8}$	
250 kV ....Up～38	$Up \sim 1\dfrac{1}{2}$	
400 kV ....Up～64	$Up \sim 2\dfrac{1}{2}$	
1000 kV(1MV) ....6.4～89	$\dfrac{1}{4} \sim 3\dfrac{1}{2}$	
高能量 X 射線		
2.0 MeV ....6.4～250	$\dfrac{1}{4} \sim 10$	
4.5 MeV ....25～305	$1 \sim 12$	
7.5 MeV ....57～460	$2\dfrac{1}{4} \sim 18$	
20.0 MeV ....75～610	$3 \sim 24$	

7-5-2 X 光放射檢驗之裝置

1. X 射線發生器

X 射線發生器，係將 X 射線管與高壓發生器收納在一個容器之內。由於 X 射線之發生會使 X 射線管之陽極產生高溫，故需有冷卻器。

2. 控制器

供給 X 射線發生器所需之電力電壓，並可調整電流及安裝對故障時之保護的裝置，俾能作安全之操作。

3. 篩片(screens)

篩片或稱為增感片，無論是 X 射線照射或 γ 線照射，在高能量時都必須使用篩片，目前多採用鉛質篩片，在軟片前後各置一片。

4. 透度計(penetrameter)

透度計在我國、日本、德國用金屬線形，美國用開孔板形，英國用階梯形。

金屬線形透度計為一約 5×6cm 之小薄片，其中有相等間距之不同粗細之金屬絲，被結合於草綠色之特製透明的塑膠片裏。

透度計於軟片感光時，該計應緊貼於銲道前面，待 X 射線透視後，該透度上的名稱不同粗細之金屬線即留一影像於底片上，可從底片上之清晰程度來測定攝影時之焦距、曝光時間。在銲道兩邊及中央部份各放一片視計，作為檢視軟片是否清晰之依據，再查看經 X 光透視後該透度計上不同金屬線直徑等於被檢測鋼板厚度的 0.02 倍，在底片上是否清晰。例如：X 光透視 25mm 厚之鋼板時，透度計中金屬線徑在 $\phi 0.5$mm (即 $25 \times 0.02 = 0.5$)以上者，其影跡需全部落在軟片上。故檢驗人員經常依板厚度來算留在底片上之數目，即此道理。圖 7.16 是 X 射線照片之透度計、軟片、增感片之相關位置圖。至於常用之金屬線形透度計之規格，則如表 7.3 所示。

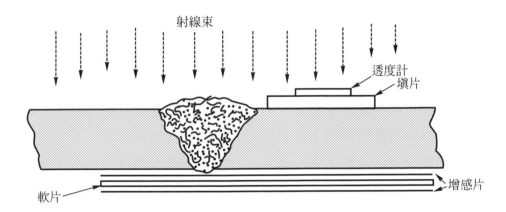

圖 7.16　X 射線軟片、透度計、增感片之相關位置

表 7.3　金屬線形透度計之規格(JIS)

型的種類	使用材厚範圍		線徑的系列							間距表示中心距離 (*d*)	線的長度 (*l*)
	普通級 (mm)	特級 (mm)									
F02	20 以下	30 以下	0.1　0.125	0.16	0.2	0.25	0.32	0.4		3	40
F04	10～40	15～60	0.2　0.25	0.32	0.4	0.50	0.64	0.8		4	40
F08	20～80	30～130	0.4　0.50	0.64	0.8	1.00	1.25	1.6		6	60
F16	40～160	60～300	0.8　1.00	1.25	1.6	2.00	2.50	3.2		10	60
F32	80～320	130～500	1.6　2.00	2.50	3.2	4.00	5.00	6.4		15	60

7-5-3　X 光攝影

　　X 光攝影之方法係將膠質軟片袋內裝入感光軟片，並視需要與否再裝入增感光鋁箔，放射時應視光源至底片之距離及銲件厚度來決定其曝

光之時間，及所需要電壓及電流(工業用 X 光極管之電流約 5～10MA，電壓約 60～24000kV)。一般光源和軟片之間的距離大約在 60 公分左右，太遠時影響曝光時間，太近時則焦距不確而影響軟片之清晰，另外因爲軟片感光速度之不同，其所需要之曝光時間與電壓、電流都不相同。

正常軟片之曝光使銲道內部之缺陷，依其種類與深淺呈現在軟片中而變淡白色，銲道兩邊之飛濺物，則在軟片中呈現白色斑點。

曝光後之軟片需集於暗房內作適當之沖洗和乾燥處理後，再將此軟片取出置於判斷燈閱判，但對於缺陷依經驗可知其種類，可是其深淺尚無法從此一張正投影之攝影顯示，必須於兩種方向或角度再拍攝之，憑此加以判斷始可知正確之深淺度。

欲求得一張能敏感地偵測出在材料內部所存在的不連續，需要底片、加速電壓、曝光和其它各個不同的幾何因子有一最佳的搭配。敏感度與鮮明度的因素包括：

(1) 要細晶粒化的軟片感光乳劑。

(2) 能量低或波長較長的 X 射線。

(3) 加速電壓要小。

(4) 眞空管到底片距離要大。

(5) 金屬軟片要薄。

(6) 材料與不連續部份的相對吸收係數差距要大。

(7) 安排方向儘量使不連續部份接近軟片。

敏感度(sensitivity)的定義是：

$$敏感度百分率 = \frac{\Delta x}{x} \times 100$$

其中 x 爲金屬的總厚度，Δx 爲在底片上可鑒別出來的金屬厚度之最小變化值，敏感度即告訴我們所偵測出來的最小缺陷尺寸，如果敏感度很小，則表示不能測出很小不連續之存在。

7-5-4　X射線檢驗技術及其在銲接上之運用

如果一鑄件內的縮孔較大，則會因為空穴對X射線的吸收量小於實心金屬，以致所得到的透視X射線束強度較大，結果軟片的這部份曝光較多，顯像之後其顏色較暗。

圖7.17為一些常見的銲接缺陷實例。

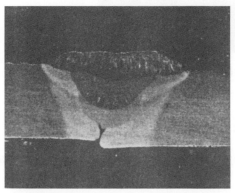

(a) 銲件對接不良(misalignment-hi-law)和穿透不足

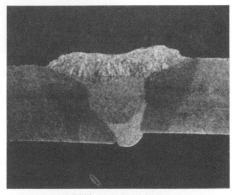

(b) 銲件對接不良和銲蝕(undercut)

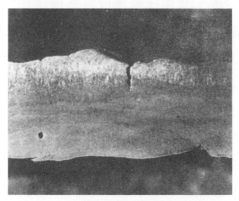

(c) 銲接件橫向的裂縫

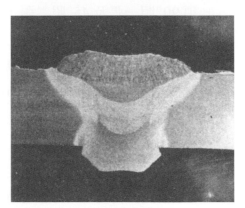

(d) 過度穿透

圖7.17　銲接缺陷實例

　　圖 7.18 中，銲道兩側之飛濺物呈白斑點，這是因飛濺點較厚，部份放射線被吸收，投射到軟片上之光被減少。反過來說，內部龜裂處被吸收之放射線量減少，而投射到軟片上之光線即告增加，使顏色加深。

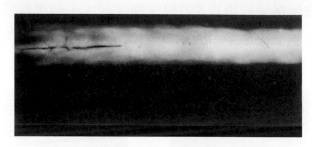

圖 7.18　X 射線照片(銲道內部的龜裂)

7-5-5　X 射線對銲件的檢驗要點

1. 一般對接照射角度為 90°為最合適，以避免影像失真，如圖 7.19(a) 所示。

2. 45°V 型槽銲接、射線束須和熔融線平行以確知融合是否良好。因此須 90°照一張及 45°照二張，共照三張，並應注意透度計及增感片之選擇，以確定適當之敏感度，如圖 7.19(b)所示。

3. T 型銲接在檢驗時比較困難，往往在其銲接之後部有缺口存在，因此須用有優良鑑別率(resolution)之照片。

4. 圖 7.19(c)為正確之照射角度，如為填角銲 100 ％穿透照像(corner penetration)則其角度應為 15°或更小。

5. 圖 7.19(d)為錯誤之照射角度，一般照射 T 型銲接時，採用 45°角，但如為填角銲 100 ％穿透時，則非融接部份之影像易使判片員誤認為疑似缺陷之影像而造成誤判，因此凡遇有上述之情況，照片應重照或剔除掉。

6. 圖 7.19(e)填角銲為 100 ％的根部熔穿，則應為 45°角照射。

7. 圖 7.19(f)所示角隅銲，其照射角度及位置安排均正確，非熔融區不會在軟片上顯示。

8. 圖 7.19(g)所示照射角度正確，但被照物安排不當，即非熔融區會有影像顯示於軟片上。

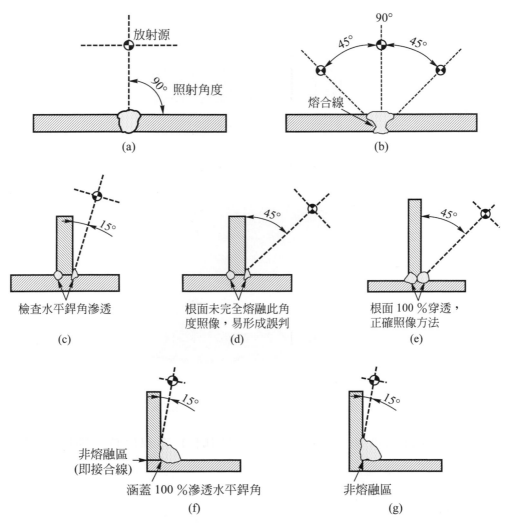

圖 7.19　X 射線照射之角度(銲道內部的龜裂)

7-5-6 實 例

圖 7.20(a)至(e)分別表示各種銲接缺陷狀況，如氣孔、夾渣、龜裂、銲融、過熔等。

X光軟片箭頭所指之處，代表缺陷位置、實物照片爲顯示缺陷處之橫切面。

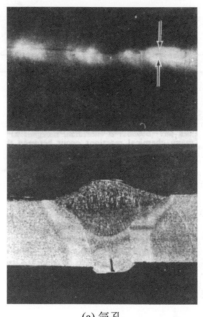

(a) 氣孔

圖 7.20 用 X 射線檢驗銲接缺陷之實例

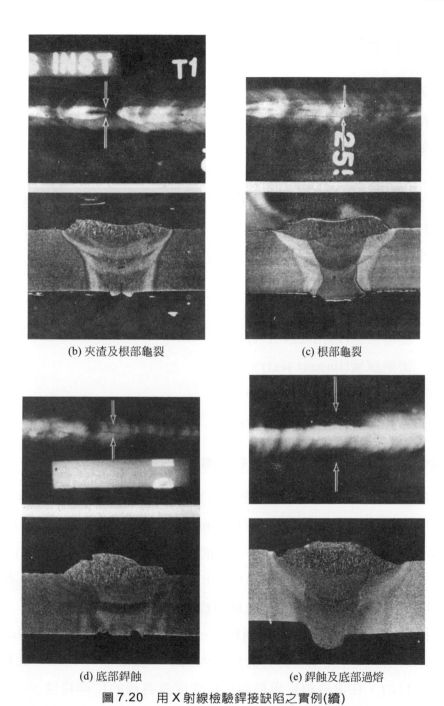

(b) 夾渣及根部龜裂　　　　　　　　　　(c) 根部龜裂

(d) 底部銲蝕　　　　　　　　　　(e) 銲蝕及底部過熔

圖7.20　用X射線檢驗銲接缺陷之實例(續)

7-6 破壞性檢驗

破壞性檢驗可用來瞭解銲件之特性,並可協助非破壞性檢驗增進對銲件品質的控制。這由於破壞性檢驗在施行時,必須在銲道或銲道附近,截取一段材料做成試片,這將造成銲接件的損害或破壞。因此,對某些已完工的銲件,如鋼架、橋樑、船體等,破壞性檢驗在實行上會有困難,同時破壞性檢驗的設備與手續皆較為複雜,故多半在材料實驗室中進行。

常用於銲接件性質測試上的破壞性檢驗有:

⑴ 拉伸試驗(tensile test)。
⑵ 彎曲試驗(bending test)。
⑶ 硬度試驗(hardness test)。
⑷ 衝擊試驗(impact test)。
⑸ 化學試驗(chemical test)。
⑹ 金相觀察試驗(metallographic test)。

7-6-1 拉伸試驗(tensile test)

所謂拉伸試驗,係對試片慢慢施加拉力,測量試片的機械性質,如降伏點(yield point)、極限強度(ultimate strength)、斷裂強度(rupture strength)、伸長率(elongation)、斷面縮減率(reduction of area)等,另外常可求得比例限(proportional limit)、彈性限(elastic limit)、彈性係數(young's modulus)和應力-應變曲線圖,如圖 7.21 所示。

銲件在拉伸試驗上,分為兩種。一種稱為全桿道試驗(all weld metal tension),即試片完全自銲件的銲道內切下,如圖 7.22 所示。此種拉伸試驗的目的,在求得銲接填料的抗拉強度及各種的拉伸特性。

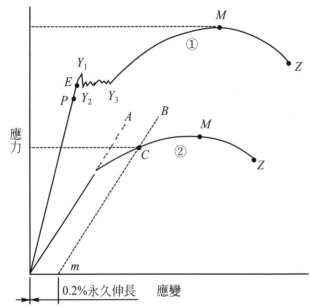

P：比例限
E：彈性限
Y_1：上降伏點
Y_2：下降伏點
M：最大拉伸強度(抗拉強度)
Z：斷裂強度
B：0.2%永久伸長之降伏點
①：低碳鋼之曲線
②：非鐵金屬之曲線

圖 7.21　應力-應變曲線圖

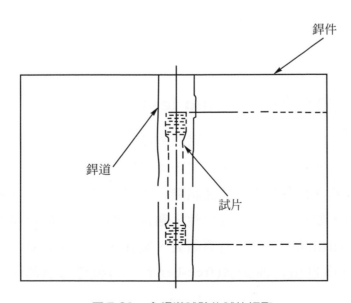

圖 7.22　全銲道試驗的試片切取

另一種為斷面收縮試驗(reduced section tensil test)，這是一種試驗銲接接點抗拉強度的方法，試片及測試方法如圖7.23所示。

拉伸試驗完成後，可以放大鏡檢查其銲接接頭部位所破斷之斷面，如發生裂紋、雜質、氣孔過多等缺陷時，即表示銲接的品質不良，而如果破斷位置之斷面收縮率(area reduction ratio)很大，即表示銲道金屬的延展性相當良好。

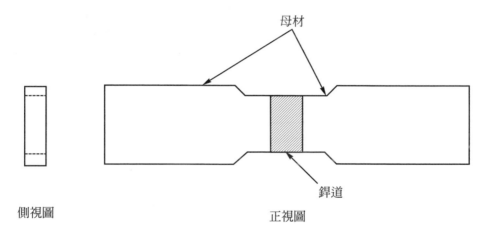

母材

銲道

側視圖

正視圖

圖7.23　斷面收縮拉伸試片示意圖

7-6-2　彎曲試驗(bending test)

彎曲試驗的目的是測定材料彎曲強度及撓度，一般係將試片彎曲到一定的角度，檢驗其有無龜裂發生，此試驗可比較鋼材的強韌性及彎曲成形性。用於銲件測試上的彎曲試驗，可以從測試結果上判斷銲道內部的物理情況，如張力強度、延展性、融合情形，並可從斷面上判斷出銲接的品質，如結晶的大小、有無龜裂、氣孔、夾渣等缺陷。銲件的彎曲試驗可以分為自由彎曲試驗(free-bend test)和導彎試驗(guided-bend test)兩種。

　　自由彎曲試驗，係用來測驗金屬銲接後的延性。首先自銲件取得試片，銲道位於試片中央，如圖 7.24(a)所示。再於銲道面離銲接邊緣近似1.6mm(1/16")處，畫兩線記為最初位置 "x"，然後先將試片初彎成約30°角，如圖 7.24(b)所示。接著將初彎的試片放入壓力機，直至試片兩端緊靠，如圖 7.24(c)(d)所示，試驗後重新量測兩線間距離y，而得到延長百分比等於$\dfrac{(y-x)}{x} \times 100$。銲件實際所需的延長百分比應由合約或規範來決定，但一般是以最小延長百分比為 15，且使銲接表面不產生大於1.6mm(1/16″)的裂縫為標準。

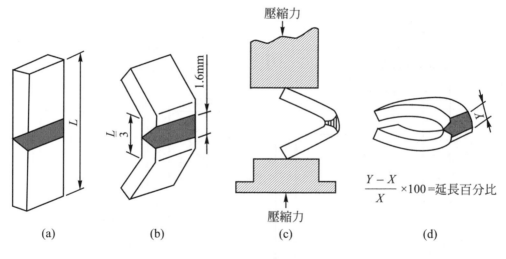

圖 7.24　自由彎曲試驗

　　簡單的導彎試驗，可以用一塊加工後的銲接試片夾於?鉗上，再左右彎曲即可，如圖 7.25 所示。

　　標準的導彎試驗，則應依照美國銲協協會(AWS)的標準導彎試驗夾具實行，如圖 7.26。試片係橫置於夾具上模(陽模)與下模(陰模)之間，然後以壓力機自上將上模下壓，直到試片壓入下模，彎曲180°為止。導彎試驗可決定銲接金屬的品質及銲道的穿透度和熔融度是否良好。

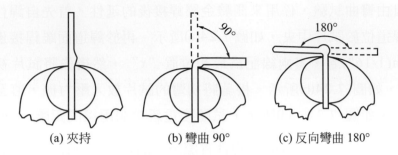

(a) 夾持　　　　　　(b) 彎曲 90°　　　　(c) 反向彎曲 180°

圖 7.25　簡便的導彎試驗

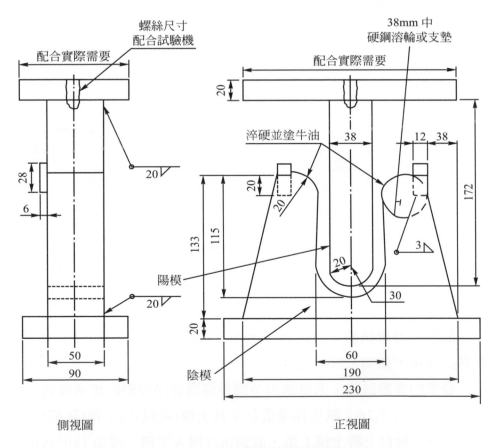

側視圖　　　　　　　　　　　　　　　正視圖

圖 7.26　AWS 標準導彎試驗夾具

7-6-3　硬度試驗(hardness test)

　　硬度試驗是金屬材料的機械性質測試中，較為簡便的一種，經常用來推想其他的機械性質。材料的表面施加外力時，產生變形，會有抵抗力產生，因外力作用不同，所產生的抵抗也不同，所以硬度試驗因外力的不同，而有不同的測試方法。在銲件的測試上，銲接金屬的硬度值是一非常重要的數據，因為由銲件的硬度值，可知銲接後銲件的熱影響區(HAZ, heat affected zone)和銲接的品質，而對於硬面銲接，硬度試驗更是重要。在銲接上，常用的硬度試驗有下列三種：

1.　勃氏硬度試驗(Brinell hardness test)

　　勃氏硬度試驗係將試片置於壓座上，然後以10mm鋼球為壓痕頭，以3000公斤的功力，壓入試片的表面，持續30～60秒後，除去壓力，取出試片，以放大鏡測其凹痕的直徑，而經由下式求得硬度值：

$$H_B(勃氏硬度值) = \frac{2P}{\pi D(D - \sqrt{D^2 - d^2})}$$

P：壓力(3000公斤)

D：鋼球直徑(mm)

d：凹痕直徑(mm)

2.　洛氏硬度試驗(Rockwell hardness test)

　　洛氏硬度試驗的原理與勃氏硬度試驗相同，其差別僅在於洛氏硬度試驗以較輕的壓力(100 公斤，150 公斤)加於鋼珠或錐形鑽石壓痕頭，壓痕的深度，可以換算成硬度值，於洛氏硬度試驗機上直接讀出，而分別以$H_R B$或$H_R C$表示。

3.　維克氏硬度試驗(Vickers hardness test)

此硬度試驗是以金鋼石正方錐形的壓痕頭，相對夾角爲136°，荷重爲5至120公斤，而以加壓時間10秒後，荷重除以荷重除去後的凹痕表面積爲維克氏硬度值，Hv。

$$\text{Hv} = 2P\sin\left(\frac{a}{2}\right)/d^2 = 1.8544P/d^2$$

P：荷重(kg)

d：壓痕的對角線長度(mm)

α：136°

7-6-4　衝擊試驗(impact test)

衝擊試驗的目的是測定材料的韌性(toughtness)。對刻有凹槽(notch)的試片施以衝擊力，將試片打斷後，由試片破壞時所吸收的能量大小，表示材料的韌性。衝擊試驗並可配合溫度的變化，求得材料的轉脆溫度(transition temperature)，衝擊試驗一般分爲艾折式(izod type)與恰比式(charpy type)兩種方法，這兩種試驗除試片所開的凹槽以及衝擊時試片所放置，或夾持的方法略有不同外，其餘大致相同，如圖7.27所示，爲這兩種衝擊試驗試片的放置與夾持方法的示意圖。

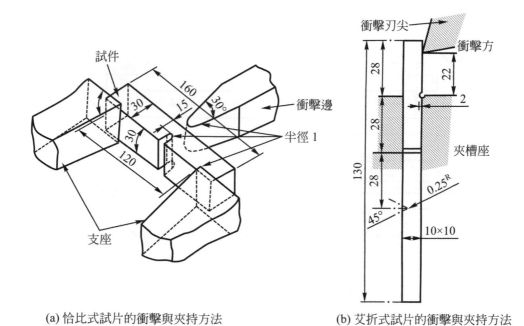

(a) 恰比式試片的衝擊與夾持方法　　　　(b) 艾折式試片的衝擊與夾持方法

圖 7.27

　　銲件做衝擊試驗時，試片的取樣方法，必須是在銲道的縱和橫兩種方向下切取，如圖 7.28 所示。

　　實施衝擊試驗時，將一塊照規定開凹槽的銲接試件，夾持或放置於衝擊試驗機上，機上的重錘舉於固定高度，然後重錘迅速落下，衝擊於試片上，而從試驗機之指針即可直接讀出所受的衝擊力。試片的凹槽破裂後，可從破壞面觀察銲道內部的情形，是否有熔渣、氣孔、氧化物或熔填不良等現象，以了解銲件的品質。

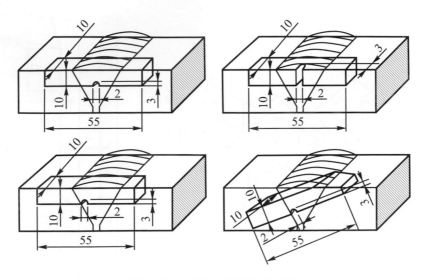

圖 7.28　衝擊試驗試片的切取

7-6-5　化學試驗(chemical test)

　　化學試驗一般用以決定銲件的化學成份和耐蝕能力，決定化學成份的試驗一般都是以特殊的化學分析設備來檢驗母材，和銲料的成份是否在合乎規格的範圍內，可以分為定性上的分析與定量上的分析。

　　定性的分析是分析金屬材料中含有那幾種不同的化學成份，而定量分析則是分析金屬材料中所含各種化學元素成份的含量。化學分析常需花費較長的時間，故一般都是用於大批的金屬材料在銲接中遭遇困難時，才實施化學分析，以作為判斷依據。

　　腐蝕試驗則是因為銲件常被使用在各種的腐蝕環境中，故須對銲件的耐蝕性進行測試。有很多的耐蝕性試驗方法已被發展出來，但最好的測試方法是將試片置於實際的使用環境或條件之下，但是由於時間，人力和空間等的限制，一般多採用加速測試(acceleration test)，即將試片置於規定的鹽水、鹽霧、酸霧或其他腐蝕性溶液中，以加速腐蝕的進行。

7-6-6　金相觀察試驗(metallographic test)

金相試驗在銲件檢驗上，主要係用來觀察：

(1)　銲道是否有氣孔、裂縫或非金屬夾渣等缺陷。

(2)　銲件的銲接次數(number of weld passes)。

(3)　銲道、熔融區和熱影響區的金屬組織。

(4)　銲道的位置是否正確，穿透是否良好。

金相觀察試驗一般可分為巨觀的試片觀察(macro-specimen test)和微觀的試片觀察(micro-specimen test)。

巨觀的試片觀察，乃是自銲道中切取試片，並加以銼平及以細砂紙磨光，再以適當的酸性溶液作輕微的腐蝕，使試片內部的情況能明確的顯露出來，再以目視或輔以放大鏡，以觀察試片有無裂紋、雜質、氣孔、穿透不良等缺陷，試片在輕微的腐蝕後，應立即以清水沖洗，然後烘乾，以避免試片的繼續腐蝕。

微觀的試片觀察，則係用以觀察銲件上極細小的缺陷，和高倍放大率下的金屬組織，其程序為從銲道中切取試片，加以粗磨、細磨、拋光後，使試片的表面像鏡子一般的光滑，然後置於適當的酸性溶液中，輕微腐蝕適當時間後，清洗、烘乾，再將試片置於 50～5000 倍的顯微鏡上，觀察金屬材料的組織和結晶情形。

▌習 題

1.　試說明銲件之破壞性與非破壞性檢驗方法？

2.　液體滲透劑檢驗法之檢驗步驟為何？如何避免誤判？

3.　滲透劑需具備那些特性？

4. 試述磁粉檢驗法之原理？

5. 使用磁粉檢驗法可能產生錯誤顯示之原因為何？

6. 試說明渦電流檢驗法之優缺點？

7. 試說明超音波產生之原理？

8. 試說明超音波檢驗法之優缺點？

9. 繪圖說明 X 射線產生之原理？

10. 簡要說明 X 射線對銲件之檢驗要點？

11. 銲道之彎曲試驗及衝擊試驗之主要目的為何？

12. 銲道之金相觀察試驗之主要目的有那些？

8

WELDING

銲接安全管理規則

　　銲接與切割作業中，主要有電弧銲接切割和氧乙炔氣體銲接切割兩種方式。如同其他金屬製造或組立工作一樣，銲接工作有一些共同的潛在危險，也有一些特有危險。這些危險常因對於銲接或切割方法認識不夠，或有操作不當而造成極大的傷害，而大部份的傷害均是源於銲接設備不良或操作者的疏忽所引起。故在事前的防範與安全管理上應特別注意，以免造成不必要的損失。

皮帽　護肩衣　盔　手套

圖 8.1　銲接完全防護裝備

8-1　操作安全事項

8-1-1　氧乙炔氣銲與切割的操作安全

　　氣銲工作在安全上需注意之處，包含有下列幾項：

(1)　操作者的防護措施。

(2)　鋼瓶的儲存及操作。

(3)　調整器的操作。

(4)　氣炬。

(5)　橡皮管。

1. 操作者的防護措施

(1)　配戴合適之護目鏡，以避免有害光線之侵害並防止高溫金屬濺及眼球。護目鏡種類有許多種，表 8.1 是美國銲接學會所定的標準護目鏡規格及應用範圍。

表 8.1　美國銲接學會規定護目錄的規格及應用範圍

銲接	工作方法	鏡片標準規號
錫銲		2
銅錫		3 或 4
氣體切割	25.4mm 以下板厚	3 或 4
氣體切割	25.4mm 至 152.4mm 板厚	4 或 5
氣體切割	152.4mm 以上板厚	5 或 6
電弧銲	直徑 5mm 以下銲條	10
氣體銲接	3.18mm 以下板厚	4 或 5
氣體銲接	3.18mm 至 12.7mm 板厚	5 或 5
氣體銲接	12.7mm 以上板厚	6 或 8
氣體鎢極電弧銲	電弧銲(鋼鐵金屬)	11
氣體鎢極電弧銲或氣體金屬電弧銲	電弧銲(非鐵金屬)	9 至 12
電弧銲	直徑 5mm 至 6mm 銲條	12
電弧銲	直徑 6mm 至 8mm 銲條	14
原子氫電銲		10 至 14
碳極電弧銲		14

(2) 銲接時，請穿著安全防護衣物，並不可沾有油脂。

(3) 墊托銲接或切割母材，必須是防火材料或鋼板，以免墊托物本身受高熱燃燒。

(4) 衣服口袋中及工作場所附近不可有易燃物質，以免火花碰觸引起爆炸。

2. 鋼瓶的儲存及操作

(1) 鋼瓶的儲存所，注意乾燥、通風良好同時嚴禁煙火、避免陽光直接照射，其附近並不得有高燃燒性物質如汽油。

(2) 鋼瓶應直立靠壁柱放置，並用鐵鍊或鐵條圍繞鋼瓶外部栓牢於壁或柱上，搬運時應將防護罩戴上，並不可橫臥推滾，更不可劇烈振動。

(3) 鋼瓶上表示氣體之不同顏色，若油漆剝落或不清時，不可使用以免發生意外。

(4) 氣體鋼瓶不使用時，應將防護罩戴上，各種氣體分開放置，空瓶閥口仍需關閉，並註明「空瓶」字樣。

(5) 不可將鋼瓶當作電弧銲接之接地物，以免在其上起弧。

(6) 不可使用鋼瓶板手以外之工具、企圖打開鋼瓶。

(7) 乙炔氣體瓶上閥口，僅能打開約 1/2 轉。

(8) 鋼瓶應遠離銲接或切割作業區域。如此，火花及飛濺的熔渣和火焰不會接觸鋼瓶。

3. 調整器的操作

(1) 氧氣和乙炔的調整器應避免混合使用。

(2) 不得用油脂擦拭調整器。

(3) 調整器安裝於鋼瓶之前，先打開鋼瓶上閥口，使逸出氣體吹走雜物，以免損壞調整器。

(4) 當調整器裝上以後，需先確定調整器上的調整螺桿已完全鬆開(即關閉)，方可打開瓶上閥口。

(5) 當欲打開鋼瓶上閥口時，操作人員應站於調整器側邊，以避免因壓力過大時，調整器爆裂傷及眼睛。

(6) 調整器桿不得旋轉太緊，以防膜片破裂，乙炔氣體之工作壓力不得超過 15psi。

4. 氣銲炬之安全注意事項

(1) 氣銲炬與橡皮管的連接接頭必須鎖緊，不得有漏氣。

(2) 用肥皂水檢查氣體是否漏氣，絕不可用開放性火焰(火柴)。

(3) 連接接頭之橡皮管不可裝錯。連接氧氣橡皮管至氣銲炬註有 "OX" 或者右牙入口處。連接乙炔橡皮管至氣炬註有 "Ace" 或者左牙入口處。

(4) 施銲前先利用少許氣體吹除氣閥、調整器、軟管、銲炬內不清之污塵後再正式施銲。

(5) 點火時，氣銲炬不得朝向他人或易燃物品，並請使用專用點口器點火。

(6) 不得任意銲接或切割已經使用過的油漕或容器。

(7) 氣銲炬上火嘴常被飛濺的熔渣所阻塞，請用大小相符之通針清潔，不可刮傷。

(8) 銲接完成後熄火時，應先關乙炔，再關氧氣。

(9) 氣銲炬不在手上時，一定要熄火。

(10) 由於不正確的操作，弔起氣炬火嘴發生劈拍地聲響，此種一連串的聲響稱為回火。回火的起因是氣體的早點火，通常造成回火的原因如下：

① 火嘴接觸到母材表面。

② 火嘴出口可能因來自熔池的熔渣，而阻塞氣體流通。當氣體流

至火嘴端之前，氣體遇到這些過熱的熔渣粒，先行點火產生劈拍聲音。

③ 使用不正確的氣體壓力，由於功力太低而造成。

④ 對於火嘴尺寸而言，使用太小的火焰。

⑤ 熔接或切割在一限制的面積上，而使火嘴變成過熱如填角熔接。

當發生回火時，立即關掉氣炬上氣體針閥，然後作下列各項檢查：

① 出口是否受熔渣阻塞。

② 在火嘴與氣銲炬連接地方是否鬆脫，導致漏氣發生回火。

③ 火嘴是否過燙。

④ 壓力錶的工作壓力是否適當。

⑾ 在某些情況下，火焰不是發生劈拍地聲響，而是一種尖銳的嘶叫聲，同時冒出黑煙向火嘴內部燃燒，此種現象叫做逆火。如果設備在良好的情況下，火嘴經常清潔和工作壓力正確的話，發生逆火現象將少之又少。

萬一發生逆火時，立即先關閉氣銲炬上之氧氣閥，然後再關閉乙炔閥。讓其冷卻一會兒，再檢查火嘴與氣體壓力。待一切檢查都沒有問題，再重新點火。如果再次發生逆火，請停止使用，將該氣銲炬送修。

5. 橡皮管

(1) 保護橡皮管遠離飛濺的火花、熱熔渣及其他熱的物體。

(2) 橡皮管會吸收油脂，使其惡化，當它與氧氣接觸時，增加起火的危險，故應避免橡皮管接觸油脂。

(3) 使用前，仔細檢查是否有破損或損壞，可使用水來檢查，若有漏氣，則應將該節切掉，重新裝配，不可使用膠布包覆漏氣的地方。

(4) 橡皮管使用過久或陳舊者，用手接觸有黏性之感覺，為脫硫軟化之結果，需立刻更新，不可因循使用。

(5) 操作不善而發生逆火現象時，會燒毀橡皮管內部，不可再使用，應予更換以避免危險。

(6) 橡皮管與氣銲炬和調整器的連接處，使用管束夾緊。

8-1-2　電弧銲接與切割的操作安全

電弧銲接工作上的安全規則可分為下列三部份：

(1) 操作人員方面。

(2) 設備方面。

(3) 環境方面。

1.　操作人員方面

(1) 使用合適色度的頭盔、面罩。

(2) 穿著非燃燒性材料製之防護衣、皮製手套、帆布製的袖套、腳套。

(3) 敲除銲渣時需配戴透明的護目鏡。

(4) 不可使用破裂或超載之電機。

(5) 保持銲接區域乾燥。

(6) 銲接時，防止本身與地線或電極導線接觸。

(7) 已通電的銲條不可碰觸身體或濕的衣服，銲接時，手套必須是乾燥的。

(8) 請勿為了冷卻銲把，而將其置入水中。

(9) TIG、MIG 水冷式銲槍，如有漏水，禁止使用。

(10) 當不銲接時，應把銲把掛於絕緣且離開地線的地方。

2.　設備方面

(1) 銲接者不可企圖去裝配或修理銲機，應由專門人員負責。

(2) 使用銲接電流不可超過電銲機的負荷。

(3) 檢驗所有電纜；是否尺寸符合電銲機的電流容量。

(4) 電銲機本身應有良好接地，而所有與電銲機相接連的地方應該絕緣。

(5) 電纜必須保持乾燥，不可接觸到油漬。與銲把接觸之處需鎖緊。

(6) 不可使用絕緣不良或夾顎損壞之銲把。

(7) 電銲機應設有分離電源之開關，以便能迅速關掉電源。

(8) 電銲機操作中，不可改變其極性或調整電流。

(9) 銲把不使用時，殘留的電銲條應取下來。

(10) 惰性氣體，如氬氣之氣瓶，應單獨存放一室，並分別空瓶與滿瓶之區域，以免錯誤。

3. 環境方面

(1) 易燃性材料應遠離銲接區，或者使用非易燃性物體覆蓋之。

(2) 銲接區域附近需有防火設備，如沙袋、二氧化碳滅火器等。

(3) 不可在容器內或密閉桶內進行銲接或切割。

(4) 銲接完成後，檢視工作區域，確保區域內沒有可引起火災之熱熔渣或熱金屬。

(5) 任何時間內，保持銲接區域內有適當的通風。銲接中，發現眼睛、鼻子或喉嚨受刺激時，表示通風不良，應停止銲接，採取改善措施。

(6) 不可對鋅、鉛、錫或鎘等金屬從事銲接或切割工作。

8-1-3 雷射銲接的操作安全

由於雷射銲光束的能量很高，其功率高達一千兆瓦。此種高功率即使在未聚焦的狀態下，亦能使表面溫度高達數百度。於聚焦後，其高熱足可氣化最堅硬的金屬材料。然此種高效率的銲接亦同時潛伏一些巨大的危險，足以使遭到傷害的人員抱憾終身，因此需特別注意安全。雷射銲接之一般安全事項，分述如下：

(1) 雷射光束應在無反射及能耐火的背景下發射。

(2) 工作人員應確實知道雷射放射時所經路線，並與該光束保持適當的距離。

(3) 任何時候，絕對禁止觀看雷射光束，以及由鏡子反射之雷射光束，以免傷害眼睛之網膜。

(4) 雷射電子放射系統，必須謹慎的防避偶然雷射脈衝及嚴重電擊。

(5) 電射銲接操作人員應定期作眼睛的健康檢查。

8-1-4　電阻銲接的操作安全

電阻銲接的操作安全規則如下述：

(1) 工作場所附近勿存放易燃物或易爆物。

(2) 工作場所勿潮濕，以防觸電。

(3) 依銲件選用適當尺寸及形狀之電極。

(4) 操作時需戴短皮手套，以防手燙傷或被母材割傷。

(5) 需戴護目鏡，以防火花飛濺物灼傷眼睛。

(6) 注意銲件造成銲機之短路，以防止手部之觸電及燙傷。

(7) 防止因銲機之壓力而造成銲件之彈起擊中操作者。

8-2　銲接傷害及對策

銲接與切割作業皆易引起各種傷害，而造成傷害的原因大部是粗心大意、缺乏正確知識及錯誤的操作方式，因此若能針對此加強，並確實遵守安全規則，相信可將傷害降至最低。萬一不幸發生傷害，亦必迅速採取醫療對策，並針對傷害發生原因，予以檢討、改進。

8-2-1　氣銲傷害及對策

1. 火災

(1) 原因：

①　由於銲接或切割金屬時的火花而引起。

②　可燃性物質鄰近高溫的金屬銲接或切割部位時。

(2)　對策：

①　工作區域內保持清潔，不許有任何易燃性物質。

②　使用遮擋火花的屏風。

③　使用摩擦打火器點火。

④　裝置滅火設備，並常與工業安全和防護單位聯繫。

⑤　如果火燒著，移開所有氣瓶到安全地方。

2. 爆炸

(1)　原因：

①　氣瓶、橡皮管或其他裝置不良、破裂，造成氣體外洩。

②　切割或銲接廢油桶、油管等，因殘留油漬而引起。

③　因回火或逆火現象而引起。

(2)　對策：

①　使用不漏氣之氣瓶、橡皮管等設備。

②　銲炬火嘴以外部份，不可使用銅質材料。

③　乙炔管及氧氣管不可接錯。

④　銲接或切割易燃性物質之容器時，應事先仔細檢查，確定內部沒有易燃性物質時，才開始工作。工作件有油漬，應先去除。

⑤　正確的操作，以避免回火或逆火，若已發生，迅速依 9-1-2 節所述處理。

3. 灼傷

(1)　原因：

①　銲炬火焰之直接傷害。

②　可燃性物體從漏氣之銲炬或破橡皮管外洩，作業者不察，此時

點火，易著火而灼傷。

③　工作中熔融之火花飛濺燒傷。

④　碰觸熾熱之工件。

(2)　對策：

①　使用不漏氣之銲炬和橡皮管管，使用前先以肥皂水檢查是否漏氣。

②　穿著防火工作衣褲。

③　不可以銲炬對準自己或他人。

④　工作場所裝置滅火器。

4.　中毒

(1)　原因：

①　因火焰燃燒不完全而產生一氧化碳，若在通風不良場所長時間作業，很容易引起一氧化碳中毒。此外，從事CO_2銲接者需防CO_2中毒。

②　鋼材表面為了防蝕常鍍之鉛、鋅、鉻、鎘等金屬，或含有氯、氟元素之樹脂塗料內襯，於銲接或切割時產生有毒氣體。

(2)　對策：

①　預先除掉工作表面之塗料並加清潔後再工作。

②　戴防毒口罩，避免吸入毒氣。

③　保持工作場所通風狀況良好。

8-2-2　電弧銲接與切割的傷害及對策

1.　電擊(electric shock)

(1)　原因：

①　電銲機情況欠佳如電纜破損等現象而漏電。

②　手觸及銲條蕊或電銲機連接電纜用的端鈕。

③ 附屬裝備受潮或損壞(如皮手套、鞋子等)。

④ 工作場所潮濕或全身汗濕而操作。

⑤ 銲條手把絕緣不良。

(2) 對策：

① 使用絕緣良好之銲把、手套、鞋子等。

② 電銲機檢查，將絕緣不好之處用絕緣布包好。

③ 增設自動電擊防止裝置以維護本身的安全。

④ 保持工作場所乾燥及工作人員全身之乾爽。

2. 眼睛傷害

(1) 原因：

① 未戴面罩且直視銲接電弧，致眼睛為電弧光所傷。

② 戴用遮光性欠佳之鏡片，致被紅外線、紫外線灼傷眼睛。

③ 飛濺物或熔渣飛入眼睛，輕者灼傷重者失明。

(2) 對策：

① 配合電弧、電流的強烈，選用遮光度適當的鏡片。

② 使用遮光屏風、避免電弧光旁射。

③ 敲除銲渣時，務必戴用安全眼鏡。

④ 非必要之工作人員不可擅入工作場所。

3. 中毒

(1) 原因：

① 銲條的被覆塗料如氧化鐵等，當燒銲時即產生有毒的氣體。

② 燒銲鍍鋅、鉛、鎘或青銅銲件時，亦產生有毒氣體。

③ 長時間工作，由於吸入大量的煙氣(固體微粒)所致。

(2) 對策：

① 保持工作場所空氣流通狀況良好。

② 戴用防毒面具或口罩。

③ 燒銲會產生有毒氣體之類的製品不可連續工作。

④ 使用低氫系銲條以減少發塵量。

4. 皮膚灼傷

(1) 原因：

① 火花飛濺而灼傷，尤其是仰銲時更為嚴重。

② 觸及熾熱的母材或熔融的銲道金屬。

③ 強烈電弧光產生的紫外線長期照射裸露的皮膚。

(2) 對策：

① 戴適當面罩，穿著防護衣。

② 剛銲完的銲件避免靠近，更不可隨便亂放。

③ 一支銲條銲完時，夾頭的剩餘部份不可亂丟。

④ 嚴禁赤腳或穿著木屐、拖鞋，應穿用安全鞋。

5. 爆炸

(1) 原因：銲接裝過易燃物(如汽油等)的容器，因殘留油漬而於銲接中爆炸。

(2) 對策：銲接此類銲件，應徹底清洗、確實檢查後方得銲接。

6. 火災

(1) 原因：

① 由於爆炸產生。

② 燒銲的火花飛濺至工作場所的易燃物。

③ 由於長時間燒銲，致使電纜過熱或電線破裂而將附近易燃物引燃。

(2) 對策：

① 防止可能的爆炸。

② 銲接場所不可堆置易燃物，並備有滅火器材。

③ 配合電流量大小，選用口徑適當的電線。

④ 破布、紙絮等不可亂丟，應集中處理。

⑤ 施工前，詳加檢查電銲機，銲把及電纜，確保絕緣和接地狀況良好。

8-3 銲接工場管理注意事項

良好銲接工場管理，可減少時間浪費，提高工作效率，而降低生產成本，減少機器故障。銲接工場管理包括很廣，包括作業管理、品質管理、設備管理、銲條管理及安全管理，有關安全管理於前二節中已敘述很多，故本節僅就其餘部份，再加說明：

1. 銲接作業管理

作業管理的要點在把握作業的實態，管理者對作業者要有適切的措施，以提高工作效率，並同時照顧員工的身心。為求提高工作效率，目前較具規模的銲接工廠皆依據作業總時間擬訂工作量，以防員工怠工。作業總時間的計算乃將下列諸項所需時間予以相加即得。

(1) 上下班所需準備的時間。

(2) 銲接器具、材料及銲接準備調整所需的時間。

(3) 換銲條、除渣所需的時間。

(4) 電弧發生所需的時間。

(5) 實際銲接時間。

(6) 工作內無法避免的空閒時間，如上廁所等。

2. 品質管理

銲件品質的好壞與銲件的應用安全間有絕對的關係，而銲件依其不同的應用，所要求的強度也不同，在銲接作業上也有難易之別。因此對不同的銲接製品並不需要同樣的品質要求。

表 8.2　不良項目的判定和管理方法

不良項目	檢查測定法	檢查測定的基準	管理法
1.過熔低陷	外觀檢查		
2.堆塔	外觀檢查		
3.熔珠不整	外觀檢查		
4.龜裂	外觀檢查，磁氣檢查	標準樣品	管理圖
5.熔渣殘留	外觀檢查，染料檢查	外觀檢查基準	管理圖
6.飛濺物附著	外觀檢查		管理圖
7.點蝕	外觀檢查，X 光檢查	X 光檢查等非破壞檢查基準及判定基準	管理圖
8.氣孔	外觀檢查，X 光檢查	X 光檢查等非破壞檢查基準及判定基準	管理圖
9.熔渣捲入	外觀檢查，X 光檢查	X 光檢查等非破壞檢查基準及判定基準	管理圖
10.熔入不良	外觀檢查，X 光檢查	X 光檢查等非破壞檢查基準及判定基準	管理圖
11.變形尺寸不良	尺寸測定，變形測定	變形，尺寸檢查基準	
12.殘留應力	殘留應力測定	必要時實施	確認或管理圖
13.接合部破壞	強度檢查，事故記錄	強度試驗基準	確認或管理圖
14.腐蝕	腐蝕試驗	試驗標準	確認或管理圖
15.銲接尺寸不良	尺寸試驗	對照圖面公差	確認
16.銲接位置不良	尺寸試驗	對照圖面公差	確認
17.不安全	安全統計 工數測定	安全管理規定 工費算定基準	管理圖
18.工費增大	電弧時間測定 棒使用量	電弧時間管理基準 棒使用量算定基準	管理圖
19.材料費增大	殘棒測定	殘棒管理基準	管理圖

銲接不良可分相當多的項目，表 8.2 即銲件不良項目的判定及管理法，其中之管理圖乃爲工場中的管理流程圖，通常隨作業指示書一同發給工作者，作業者需按實際的作業記錄，檢查是否照管理的指示作業。經驗上認爲影響銲接結果的因素如下：

(1) 施工因素：銲接條件，銲接接頭種類與尺寸，自動銲、手銲、銲道寬度等。

(2) 接頭因素：開槽的精度、角度、根部間隙、表面狀況等。

(3) 工人技術因素：效率、年齡、經驗等。

(4) 環境因素：如溫度、濕度等。

(5) 工程因素：工程期間、加班率、人數之配置等。

為了正確掌握缺陷發生的正確原因，工場中必須作長期統計以明瞭發生之原因，根據資料再針對原因，一步步的加以改進。

3. 設備管理

「工欲善其事必先利其器」，有良好的銲接設備才能銲出高品質的銲件，同時，良好的設備管理亦能提高工作效率。電銲機是銲接工場最主要的設備，其排放位置以不妨礙施工、操作方便爲主，更不可受淋水、潮濕及外物之撞擊。每月至少一次以空氣壓縮機清潔內部的塵埃。並常予保養、檢查。若是氣銲，則需注意氣瓶存放之安全。

銲把在停銲時要掛在絕緣體上，停工時則應捲好收入庫房存放，鋼絲刷、鏽頭等工具應存放於工具箱內一放置工作旁，以利使用。並隨時保持銲接場所的乾淨。

4. 銲條管理

銲條的好壞直接影響銲件的品質，故其存放管理非常重要。銲條最怕受潮，所以儲存場所定需通風乾燥，並墊離地面約 50 公分高，且按其種類存放以利發放。銲條放久不免受潮，因此使用前需放入銲條烘乾器內，依製造廠規定之時間、溫度予以烘乾，方得使用，尤以合金鋼銲條為最。

■ 習 題

1. 氣銲工作安全事項有那些？
2. 簡述造成氣銲回火的原因及對策？
3. 簡述氣銲時造成逆火的原因及對策？
4. 簡述電阻銲接的操作安全事項？
5. 簡述電弧銲接中毒的原因及對策？

WELDING

附　　錄

9-1 銲接符號

　　通常一位銲接技工必需根據鋼結構成品的製造詳圖而施加。因此在該圖上必需具備全部有關之銲接資料如銲口接頭的型式(type of joints)、銲接位置、銲接方法、銲道尺寸、銲道表面形狀及其加工方法等。這麼多的資料於有限的工程圖空間內實無法一一用文字詳加註明，必須使用一些已經經過大家所認同的圖形、數字代號等專用符號代替，我們稱此符號為銲接符號(welding symbols)。換句話說銲接符號乃由會意各銲接接頭橫切面的樣式，用簡單象形符號描繪於藍圖上，以表達銲接資料的簡記方法。

　　使用銲接符號有下列幾項優點：

(1)　銲接尺寸、銲口加工方式及預留間隙等銲接資料都已經經過工程師計算其安全強度，可避免過銲或少銲。

(2)　在藍圖上可避免過銲或少銲。

(3)　能使工程師、工廠檢驗員、銲接操作員間彼此溝通了解。

(4)　標準化。

9-1-1 銲接符號的介紹

1. 銲接方法及銲道之種類如表9.1所示。

2. 銲接輔助符號及加工符號如表9.2所示。

3. 標註法：

　　銲接符號共由八個要素構成：

(1)　基準線(reference line)。

(2)　箭頭(arrow)。

(3)　基本銲接符號(basic weld symbols)。

(4)　尺寸及其他資料(dimensions and other data)。

(5)　輔助符號(supplementary symbols)。

(6)　加工符號(finish symbols)。

(7)　箭尾(tail)。

(8)　其他說明(tail)。

表 9.1　基本銲接符號

分類			符號	分類		符號
電弧銲接及氣體銲接	起槽銲接	方　槽	‖	電弧銲接及氣體銲接	填角銲接 連續	△
		V　槽	V		填角銲接 間斷	◹
		X　槽			縫　銲	⬭̷
		單斜槽	V		背襯銲	◠̲
		K　槽				
		J　槽	μ		堆積銲	◠◠
		雙 J 槽				
		U　槽	Y		定位銲	◯
		雙 U 槽			凸壓銲	
		曲 V 槽	⋎	電阻銲接	閃　銲	ǀ
		曲 X 槽			端壓銲	
		曲 V 槽	⎜⌐		點　銲	✳
		曲 K 槽				
	凸緣銲接	雙凸緣	⋎⌐		浮凸銲	⬭
		單凸緣	⎜⌐		縫　銲	✕✕✕✕
	塞孔銲		▭			

表 9.2　銲道加工符號

類別		記號	註
銲道表面情況	平 凹 凸	⌒ ⌣ ⌢	由標註基線向外凸 由標註基線向外凹
銲道修整方法	鑿平 平 切削	C G M	不區別修整方法時用「F」
現場銲接	全周銲接 全周現場銲接	○ ◖	

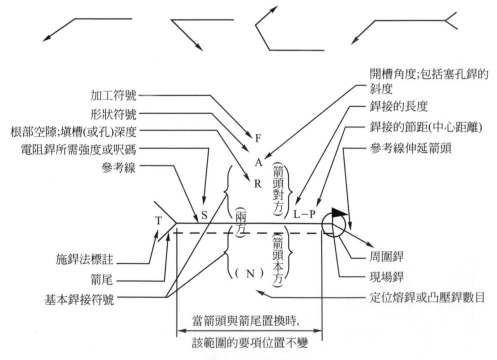

加工符號 ── F
形狀符號
根部空隙;填槽(或孔)深度 ── A
電阻銲所需強度或呎碼 ── R
參考線

開槽角度;包括塞孔銲的斜度
銲接的長度
銲接的節距(中心距離)
參考線伸延箭頭

T S L-P
(箭頭對方)
(兩方)
(箭頭本方)
(N)

施銲法標註
箭尾
基本銲接符號

周圍銲
現場銲
定位熔銲或凸壓銲數目

當箭頭與箭尾置換時,
該範圍的要項位置不變

圖 9.1　銲接符號各標誌說明圖

　　符號標註時需遵守下列規則:

(1)　銲接記號與尺寸同註於標註線上或下。

(2) 標註線由水平基線與指示銲接部份之引出線構成，必要時基線可附尾部，儘量使引出線與標註線成 60°角之直線(或折線)，箭頭附在與銲道接觸之一側。於不對稱之接頭上(J型或斜型)，如欲指明銲道之何側基材需開槽時，標註基線應置於開槽基材之一側，將引出線作一明顯轉折，箭頭朝向需開槽之基材。

(3) 銲接部份在箭頭所指一側或圖之前側時銲接符號及尺寸標註於基線下方，反之則標註於基線上方。

(4) 現場銲接及全周銲接之輔助符號於基線與引出線之交點。

(5) 銲接方法其他附註標註於基線尾叉內，尾部開叉為 90°。

(6) 銲接記號及尺寸之標註標準位置如圖 9.1 所示。

9-1-2 銲接接頭之基本形式與適用之銲接

表 9.3 接頭型式及適用之銲接

接頭型式	適用銲接	
對接(butt joint)	方槽(square-groove) V 槽(V-groove) 斜槽(bovel-groove) U 槽(U-groove)	J 槽(J-groove) 曲 V 槽(flare-V-groove) 斜曲 V 槽(flare-bevel-groove) 雙凸緣銲(edge-flange)
搭接(lap joint)	填角銲(fillets) 塞銲(plug or slot) 點銲(spot) 浮凸銲(projection)	縫銲(seam) J 槽 斜槽 斜曲 V 槽

表 9.3　接頭型式及適用之銲接(續)

接頭型式	適用銲接	
 T 接(T- joint)	填角銲 塞銲 點銲 浮凸銲 縫銲	斜槽 方槽 J 槽 單斜槽
 角接(corner joint)	填角銲 雙凸緣銲 單凸緣銲(corner-flange) 點銲 突銲 縫銲 方槽	斜槽 V 槽 J 槽 U 槽 曲 V 槽 斜曲 V 槽
 邊接(edge joint)	塞銲 單凸緣銲 雙凸緣銲 點銲 突銲 縫銲	方槽 斜槽 V 槽 U 槽 J 槽

9-1-3　銲接符號之圖例說明

例1　I形起槽銲接 (符號: ‖)

銲接部份	透視圖	標註法
箭頭所指一側或圖之前側		
箭頭所指一側之背側或圖之背側		
兩側		
根口寬 2m/m		
根口寬 2m/m		
根口寬 0m/m		

例 2　V 型起槽銲接

V 形起槽銲接	符號	V	角度未標示則為 90°
銲接部份	透視圖		標註法
箭頭所指一側或圖之前側			
箭頭所指一側之背側或圖之背側			
開槽深度 16m/m 槽角 60° 根口寬 2m/m			
使用托條 槽角 45° 根口寬 4.8 切削修整			

例 3 X 型起槽銲接

X 形起槽銲接		符號	X	角度如標示
銲接部份	透視圖		標註法	
開槽深度： 箭頭所指一側 16m/m 箭頭所指一側 9m/m 槽角： 箭頭所指一側 60° 箭頭所指一側之背側 90° 根口寬 3m/m				

例 4 U 型起槽銲接

U 形起槽銲接	符號	⋃	半圓與垂直線，垂直線長為半徑之半
銲接部份	透視圖		標註法
箭頭所指一側或圖之前側(需加註圖形半徑尺度在尾叉中)			
箭頭所指一側之背側或圖之背側(同上)			

(續前表)

U形起槽銲接	符號	∪	半圓與垂直線，垂直線長為半徑之半
銲接部份	透視圖		標註法
槽角 25° 開槽深度 15m/m 根口半徑 6m/m 根口寬 0m/m			
開槽深度 27m/m			

H形起槽銲接	符號		
銲接部份	透視圖		標註法
兩側			
開槽深度 25m/m 槽角 25° 根口半徑 6m/m 根口寬 0m/m			

例 5 單斜行起槽銲接

單斜形起槽銲接	符號	V	由垂直線與45°線構成
銲接部份	透視圖		標註法
箭頭所指一側或圖之前側			
箭頭所指一側之背側或圖之背側			
T 接頭使用托條 槽角 45° 根口寬 6.4m/m			

例 6 K 型起槽銲接

K 形起槽銲接	符號	K	
銲接部份	透視圖		標註法

箭頭所指一側
開槽深度 16m/m
槽角 45°
或圖之前側
箭頭所指一側之
背側
開槽深度 9m/m
槽角 45°
根口寬 2m/m

例 7 J 形起槽銲接

J 形起槽銲接	符號	⊔ 垂直線之右附 1/4 圖，垂直線之超過圓周部份為圓半徑之半	
銲接部份	透視圖		標註法

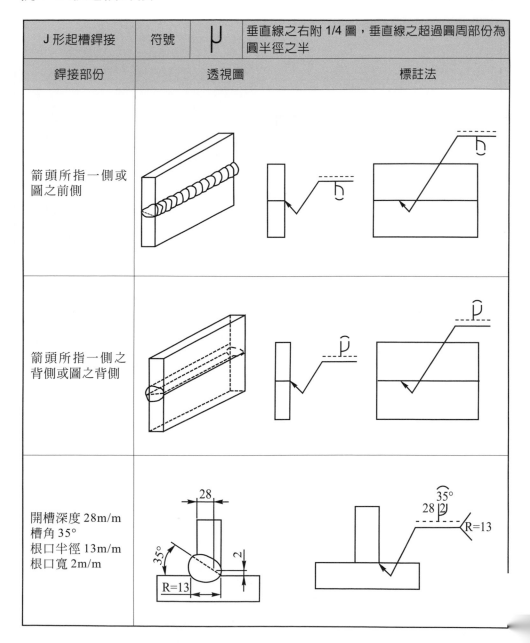

例 8 兩側 J 形起槽銲接

兩側 J 形起槽銲接	符號		
銲接部份	透視圖		標註法
兩側			
開槽深度 24m/m 槽角 35° 根口半徑 13m/m 根口寬 3m/m			

例 9 斜曲 V 形和曲 K 形起槽銲接

斜曲 V 形 曲 K 形 起槽銲接		由 V 形銲道之記號為兩個 1/4 圓相對 由 X 形銲道之記號為兩個半圓相對
銲接部份	透視圖	標註法
兩側		
箭頭所指一側或 圖之前側		
箭頭所指一側之 背側或圖之背側		

(續前表)

斜曲 V 形 曲 K 形	起槽銲接		斜曲 V 形銲道之記號為直線和 1/4 之圓相對 曲 K 形銲道之記號為直線和半圓相對
銲接部份	透視圖		標註法
箭頭所指一側 或圖之前側			
箭頭所指一側 之背側或圖之 背側			
兩側			

例 10 填角銲接

填角銲接	連續	符號		直角等腰三角形，表示銲接連續之橫線經過垂直線之中央，不同銲邊長在此記號邊加註
銲接部份		透視圖		標註法
箭頭所指一側或圖之前側				
箭頭所指一側之背側或圖之背側				
兩側				
銲邊同 6m/m				

CH

(續前表)

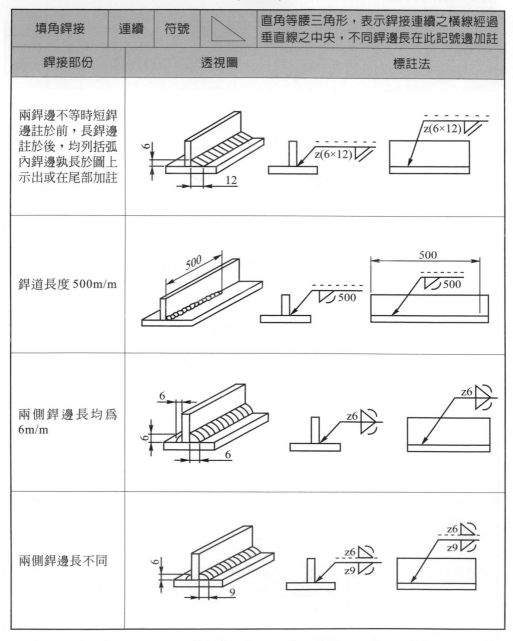

填角銲接	連續	符號	△	直角等腰三角形，表示銲接連續之橫線經過垂直線之中央，不同銲邊長在此記號邊加註
銲接部份		透視圖		標註法
兩銲邊不等時短銲邊註於前，長銲邊註於後，均列括弧內銲邊孰長於圖上示出或在尾部加註				
銲道長度 500m/m				
兩側銲邊長均為6m/m				
兩側銲邊長不同				

例 11 填角銲接(斷續銲接)

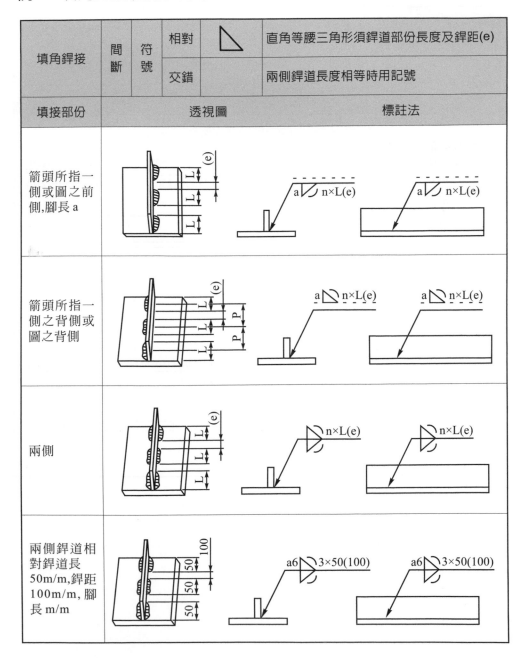

填角銲接	間斷	符號	相對		直角等腰三角形須銲道部份長度及銲距(e)
			交錯		兩側銲道長度相等時用記號
填接部份	透視圖			標註法	
箭頭所指一側或圖之前側,腳長 a				a n×L(e)　　a n×L(e)	
箭頭所指一側之背側或圖之背側				a n×L(e)　　a n×L(e)	
兩側				n×L(e)　　n×L(e)	
兩側銲道相對銲道長50m/m,銲距100m/m,腳長 m/m				a6 3×50(100)　　a6 3×50(100)	

（續前表）

填角銲接	間斷	符號	相對	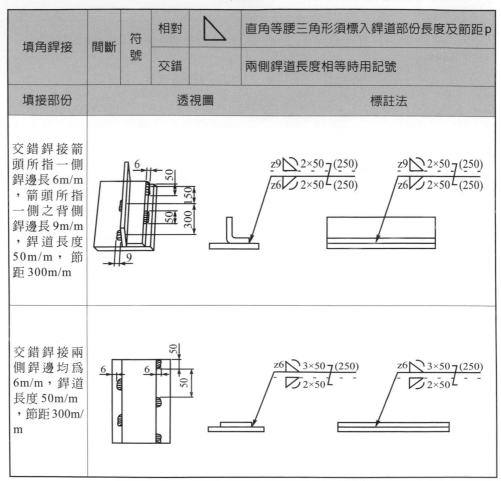	直角等腰三角形須標入銲道部份長度及節距p
			交錯		兩側銲道長度相等時用記號

填接部份	透視圖	標註法
交錯銲接箭頭所指一側銲邊長 6m/m，箭頭所指一側之背側銲邊長 9m/m，銲道長度 50m/m，節距 300m/m	6 50 150 300 50 9	z9 ⊿ 2×50 (250) z6 ⊿ 2×50 (250)　　　z9 ⊿ 2×50 (250) z6 ⊿ 2×50 (250)
交錯銲接兩側銲邊均為 6m/m，銲道長度 50m/m，節距 300m/m	50 6 6 50	z6 ⊿ 3×50 (250) 2×50　　　z6 ⊿ 3×50 (250) 2×50

例 12 塞孔或塞槽銲接

塞孔或塞槽銲接		符號		等腰梯形，腰與水平成60°上底為下底之二倍
銲接部份		透視圖		標註法
圓	箭頭所指一側或圖之前側			
孔	箭頭所指一側或圖之背側之背側			
槽 孔	箭頭所指一側或圖之前側			

(續前表)

塞孔或塞槽銲接	符號	等腰梯形，腰與水平成60°上底為下底之二倍
銲接部份	透視圖	標註法
槽 孔	箭頭所指一側 之背側或圖之 背側	
圓 孔	孔徑 22m/m 節距 100m/m 槽角 60° 銲道深度 6m/m	
槽 孔	寬 22m/m 長 50m/m 節距 150m/m 槽角 0° 銲道深度 6m/m	

例 13 背襯銲或堆積銲接

背襯銲或堆積銲接	符號	⌓	弧高為半徑之半，堆盛銲接時連用兩記號
銲接部份		透視圖	標註法
箭頭所指一側或圖之前側			
箭頭所指一側之背側或圖之背側			
堆盛銲接厚度 6m/m 寬 50m/m 長 100m/m			

例 14 銲道修整

銲道之整修方法	鑿平	記	C	輥壓	記	R	
	磨平		G	鎚擊		H	
	切削	號	M	不指定指指工方法	號	F	

銲接部份	透視圖	標註法
將對接 V 形銲道鑿平		
填角銲接之銲邊長不等，銲接部份磨成凹入 2m/m		
圓管之對接 V 形銲道切削，調整四周銲接		

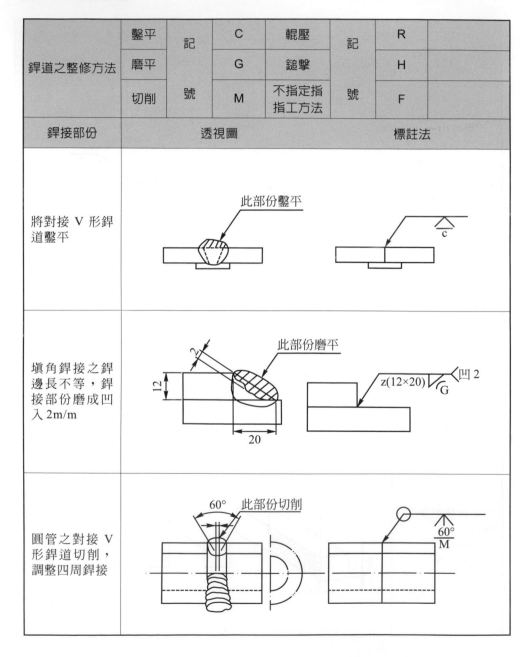

例 15 現場及全周銲接

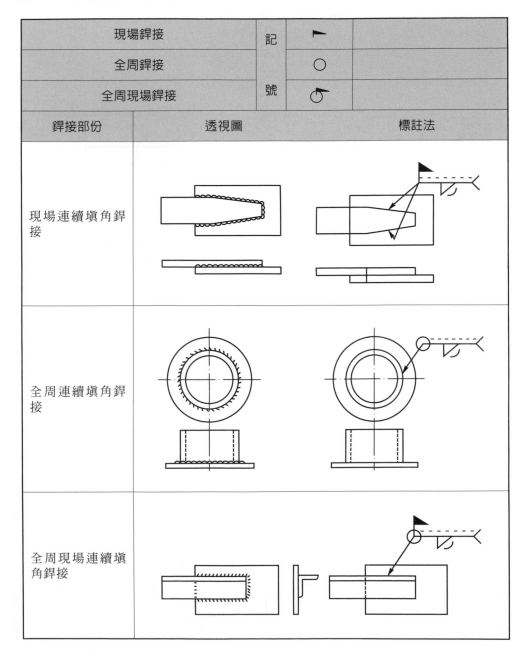

現場銲接	記	►	
全周銲接		○	
全周現場銲接	號	(○►)	
銲接部份	透視圖		標註法
現場連續填角銲接			
全周連續填角銲接			
全周現場連續填角銲接			

例 16 銲接符號之組合

記號之合併使用	透視圖	標註法
銲接部份		
V形銲道與背襯銲兩記號之全併		
K形銲道與填角連續銲道兩記號之合併使用		
V形銲道與填角連續銲道兩記號之合併使用		
J形銲道,填角連續銲道及背襯銲三記號		
兩側J形銲道,填角連續銲道與表面磨成凹面之記號合併使用		

例 17

點銲或浮凸銲接	記號	◯	
銲接部份	透視圖		標註法

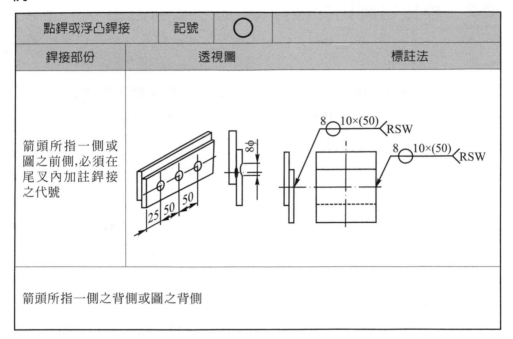

箭頭所指一側或圖之前側,必須在尾叉內加註銲接之代號

箭頭所指一側之背側或圖之背側

(續前表)

縫銲接	記號	◯	
銲接部份	透視圖		標註法

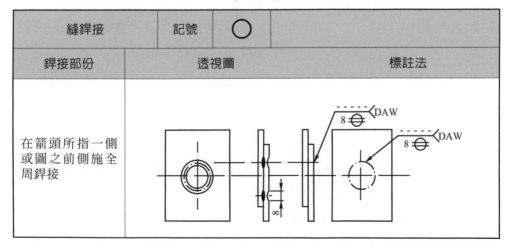

在箭頭所指一側或圖之前側施全周銲接

9-2 銲接名詞術語(資料來源：參考書目 3)

一劃

乙炔(acetylene)：為一無色具有大蒜臭味之可燃氣體，比空氣輕，能溶於丙酮，乙醇及水中，其化學式為(C_2H_2)，與助燃之氧氣混合燃燒可得6039℉之高溫，故為氣銲重要燃燒氣體之一。

乙炔銅(copper acetyhte)：乙炔通入氯化亞銅之氨溶液即生亦褐色易燃易爆之乙炔銅固體，乙炔氣通過銅管亦會產生該化合物，故切忌於乙炔管路使用銅管。

乙炔瓶(acetylene cylinder)：係裝乙炔氣之特種鋼瓶(與盛裝其他氣體者完全不同)，瓶內滿裝有多孔狀物質及丙酮以吸收乙炔氣，因為乙炔氣在高壓下易於分解爆炸之故。

乙炔發生器(acetylene generator)：又稱瓦斯發生器，係利用電石(即碳化鈣)與水作用，產生乙炔氣之器具。

乙炔調節器(acetylene regulator)：係指專用以調節乙炔氣銲接或切割用之壓力之大小之器具。其器附有高壓表(其刻度由 0 至 400 磅／吋^2)指示鋼瓶內乙炔氣之壓力，及低壓表(其刻度由 0 至 30 磅／吋^2)指示熔銲或切割所需之壓力。

二劃

T 型接頭(tee joint)：兩構件相互垂直相接合，其橫切面成 T 形，謂之 T 型接頭，簡稱 T 接(參閱表 9.3)。

手工銲法(manual welding)：施銲工作完全由人力操作者，謂之手工銲法。

二邊式熱流(through 2 plate thicknesses)：係指施銲時，熱流從銲珠經工作物分兩路導散者，稱之為二道式熱流，如圖 9.2 所示。

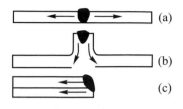

圖 9.2　二道式熱流

三劃

三道式熱流(throught 3 plate thicknesses)：係指施銲時熱流自銲珠經工
作物分三路導散者，稱之為三道式熱流，如圖 9.3 所示。

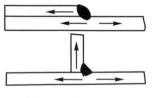

圖 9.3　三道式熱流

四劃

水銲(water welding)：係一種新型氫氧銲法，其氫氧氣係由電解水供
應，其火焰熱力不小(即氫氣之供給量)即由電解水的電流來控制。

水底銲法(under water welding)：乃一種在水面下應用電弧熔接之方法，
其銲法係應用不受水浸濕之塗料電銲條及直流正極電路(即工作物接正
極，電銲條電極接負極)，操作時，利用壓縮空氣將銲接處之水給排開，
所使用之電流較陸上熔接高 15 安培，電壓高 10 伏特，目前僅適用於軟鋼。

水底切割法(under water cutting)：乃使用氧氫氣或氧乙炔氣槍，在水
面下切割之方法，割嘴外圍有一環圓管，通以壓縮空氣將水排開以便施
工，其壓縮空氣壓力之大小，視水之深度而定。

火焰切割法(flame cutting)：乃利用氧氣與可燃氣體燃燒之高溫火焰的
切割方法(請參見氧氣切割法)。

火焰開槽器(flame gouging)：一種使用氧乙炔火焰，在待銲之工作件上割切成各型槽構之工具，稱為火焰開槽器。又稱氧氣開槽器(oxygen gouging)。

火焰硬化法(flame hardening)：一種使用氧乙炔還原火焰為熱源，加熱於金屬之表面(通常指低碳鋼料，)由於火焰中過剩之碳素滲入金屬表面，經淬火後獲得硬化，稱之為火焰硬化法。

火焰除銹法(flame blasting)：乃利用多嘴切割槍或銲槍燒除鋼質構件。上表面之油漆，鐵銹及鱗皮的一種方法，稱之為火焰除銹法。

中心焰錐(inner cone)：係氧乙炔火焰(如中性火焰、碳化火焰、氧化火焰)內，靠近銲嘴光亮之短錐形火焰，稱之為中心焰錐。(參閱圖3.6)。

中性火焰(neutral flame)：氧化炔氣體燃燒火焰，當調至無多餘之氧氣，亦無過剩之乙炔氣，即巧好均完全燃燒，故該火焰不具還原性，及氧化性，稱之為中性火焰(閱圖3.6)，為銲接應用最廣的一種火焰。

方槽對接頭(square butt joint)：係對接頭的接合面相互平行之槽構，稱為方槽對接頭。

方槽對接銲(square butt welding)：方槽對接頭的銲接，稱之為方槽對接銲，由於工作物的厚度及方槽空隙距離不同，又分為方槽單面銲及方槽雙面銲兩種。

方槽單面銲：方槽對接頭由一面施銲成者，稱為方槽單面銲，如圖9.2(a)(b)所示。

方槽雙面銲：係指方槽對接頭由雙面銲接而成，如圖9.2(c)所示，其工作物通常最大厚度為5/16吋。

手持面罩(hand shield)：係用手持握之面罩，以保護工作人員面部、頸部及眼睛，防止被弧光射線及銲濺物所傷害。

分段後退銲法(back-step sequence)：該銲法係將銲縫分成若干段。施銲時，採用後退銲接之方向依次分段進行。如圖9.4所示。

X光透視檢驗(X-ray testing of weld)：係利用X光，以檢驗熔積金屬缺點之方法。

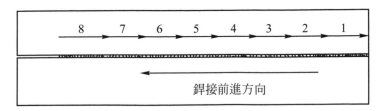

圖9.4　分段後退銲法

切割口(kerf)：火焰或電弧燒切熔割所形成之縫隙口，稱之為切割口(或簡稱割口)，請參見圖9.5。

切割嘴(cutting tip)：氧氣切割槍最尖端噴出燃燒氧體之管嘴部份，稱之為切割嘴或切割火嘴。

切割槍(cutting torch)：一種用以控制燃燒氣體，以作切割及預熱之器具，稱之為切割槍。

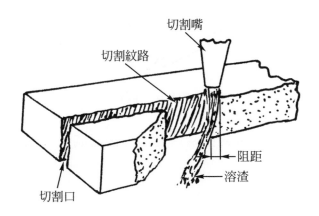

圖9.5　切割口及阻距

五劃

平銲(flat position welding)：施銲時，其銲接頭的中心軸爲水平位置，且銲面朝上，稱之爲平銲，如圖9.6所示。

立銲(vertical position welding)：施銲時，其銲接頭的中心軸垂直於水平，且其銲面朝側之位置，稱之爲立銲，如圖9.7所示。

左向銲法(left ward welding)：施銲時，其銲接進行方向自右至左，稱之爲左向銲法。以匠持銲槍火焰方向而言，係順著火焰方向而言，因順著火焰方向前進，故又稱爲前向銲法(forehand welding)，如圖9.8所示。

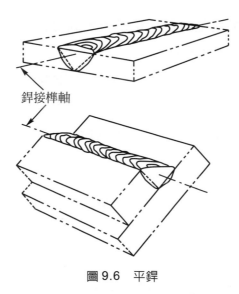

銲接榫軸

圖9.6　平銲

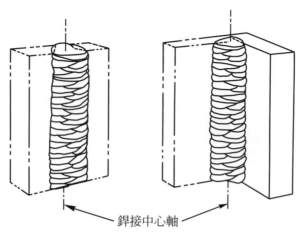

圖 9.7　立銲

右向銲法(right ward welding)：施銲時，其銲進行方向自左至右，稱之為右向銲法，按所持銲槍火焰方向而言，係反著(逆著)其火焰方向前進，而銲條則朝銲接進行方向前進，故亦稱後向銲法(backhand welding)，如圖 9.9 所示。

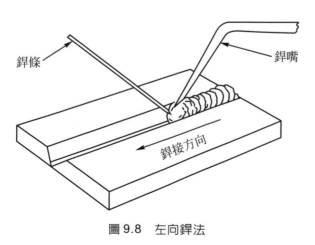

圖 9.8　左向銲法

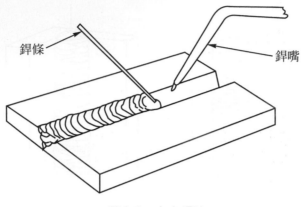

圖 9.9　右向銲法

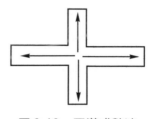

圖 9.10　四道式熱流

四道式熱流(through 4 plate thicknesses)：施銲時，其熱流自銲處理工作物分四路導散者，稱之為四道式熱流。如圖 9.10 所示。

凹度(concavity)：凹面填角銲銲面所凹下之最大深度，也就是銲面下凹最深處至兩邊銲趾連成直線之垂直距離(如圖 9.11 所示)，稱之為凹度。

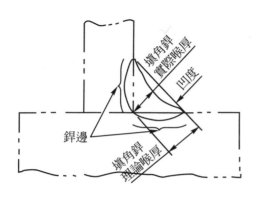

圖 9.11　凹面填角銲

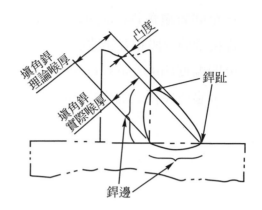

圖 9.12　凸面填角銲

凹面填角銲(concave fillet weld)：填角銲銲面往下凹者，稱之為凹面填角銲。如圖 9.48 所示。

凸度(convexity)：凸面填角銲銲面所凸出之高度，也就是銲面凸出最高處至兩邊銲趾連續之垂直距離(如圖 9.12 所示)，稱之為凸度。

凸面填角銲(convex fillet weld)：填角銲銲面往上凸者，稱之為凸面填角銲，如圖 9.12 所示。

六劃

交流電(alternating current)：在電流中，電荷流動作正反週期性性之流動，其平均值為零。其電流，電壓呈正弦波之變化，稱之為交流電。

交流電銲機(A C welder)：係一種電弧銲機，其電流為交流電。以普通 60 或 50 週波之電源利用變壓器降至所需電壓供給熔銲，故又稱為變壓器電銲機(transfomer welder)。

交直流電銲機(A.C.-D.C. welder)：係具有交流、直流之銲機，通常為單相變壓器－整流器，且大多數附有高週率裝置，故該銲機可用作交流銲，直流銲及高週率交流銲，惰氣電弧銲(inert-gas shielded-arc welding)多採用該式銲機。

交錯間斷填角銲(staggered inter-mittent fillet welding)：T型接頭兩邊銲接金屬分段相互錯開的銲法，稱之為交錯間斷填角銲。如圖9.13所示。

層間溫度(interpass temperature)：係指多層銲，當銲次層時前堆積之銲接金屬所保持之溫度(通常至少不得低於預熱溫度)，稱之為次層銲溫度。

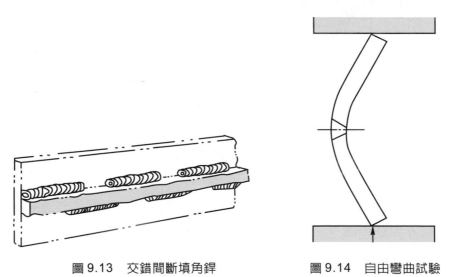

圖9.13　交錯間斷填角銲　　　圖9.14　自由彎曲試驗

自由彎曲試驗(free bend test)：係銲件接頭銲接金屬一種彎曲物理試驗。在加壓力彎曲試驗時，試件兩端支點不加任何固定或限制(如圖9.14所示)，稱之為自由彎曲試驗(試參閱彎曲試驗)。

全部銲接金屬試品(all-weld-metal test specimen)：其試品完全自銲接金屬中取出者，故稱為全部銲接金屬試品。

回火(back fire)：氣銲銲嘴或切割嘴之一種逆火現象，發生於一瞬間，且有放炮聲，其發生原因不外乎銲嘴或割嘴太熱，或太靠近熔池而溶融金屬所堵塞所致。

七劃

冷壓銲(coldpressure welding)：係一種應用壓力的金屬接合方法。

冷脆性(cold shortness)：一種金屬在高溫下具有適當延性，而在常溫變脆者，此種性質稱之爲冷脆性。熔接之冷脆可以使用能產生表面熔渣之銲條，以防止之。

仰銲(overhead position of welding)：係一種施銲工作之位置，其銲接頭軸(中心線)爲水平(或近於水平)，而銲接面朝下，因而施銲者在下仰著頭施銲，該種施銲位置稱之爲仰銲，如圖9.15所示。

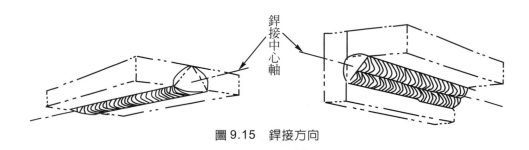

銲接中心軸

圖9.15　銲接方向

吹弧或偏弧(arc blow)：當施銲電弧受到電子磁場作用，失去平衡時，即像風吹著電弧向四方面偏斜，稱之爲吹弧或偏弧。

角接頭(corner joint)：兩構件相互垂直成90°交角，將交角邊緣接合一起，稱之爲角接頭。(參閱表9.3)

完全熔化(complete fusion)：係接頭部位基材金屬獲得全面熔化接合。稱之爲完全熔化，如圖9.16所示。

防護玻璃(cover glass)：係指護目鏡或面罩上過濾玻璃外一層透明玻璃，僅用以防止火花銲濺物或污損過濾玻璃。

八劃

直線銲珠(string bead)：金屬電弧銲時，其電銲條不作左右擺動，以直線式進行所銲成之銲珠(圖9.17所示)，稱之爲直線銲珠或串連銲珠。

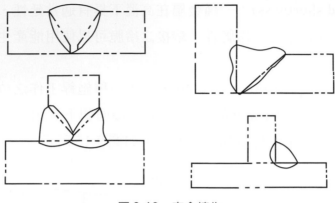

圖 9.16　完全熔化

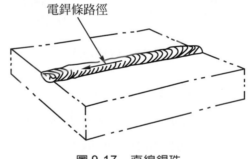

圖 9.17　直線銲珠

直流電銲機(D-C welder)：電銲機所供產生電弧之電流，為直流電者，稱之為直流電銲機。

直流電弧銲法(D-C arc welding)：係指施銲所用產生電弧之電源，為直流電者，稱之為直流電弧銲法。

直流負電極銲法(D-C electrode negatire welding)：直流電弧銲時，其電源正極接工作物，負極接電銲條(或碳棒及鎢絲電極)，稱之為直流負電極銲法，如圖 9.18 所示。

直流正電極銲法(D-C electrode positive welding)：直流負電極銲法連接相反的一種銲法，其工作物連接電源負極，其電銲條(或碳棒及鎢絲電極)連接電源正極，稱之為直流正電極銲法(請參見圖9.18直流負電極銲法之電路)。

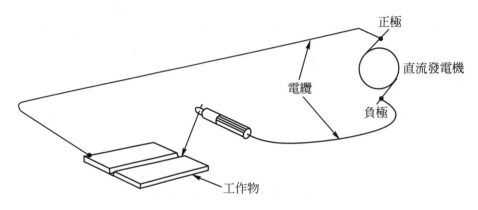

圖9.18　直流負電極銲法(DCEN)

阻距(drag)：氧氣切割時，其割嘴垂直噴出之氧氣氣流，因受溶渣阻力影響，使出口發生偏斜一段距離，該偏斜距離稱之為阻距，如圖9.19所示。

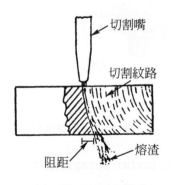

圖9.19　阻距及割紋

並聯操作(parallel operations)：係將兩個電銲機并聯使用，以適合工作需要得到較高之電流，此種操作方法，稱之為並聯操作。

表面堆銲(surfacing)：係為了工作物表面獲得一層耐磨損、耐腐蝕、耐高熱或尺吋加大等目的，用熔銲方法在其表面上堆積一層特殊用途之合金，稱之為表面堆銲。

定電壓式電銲機(constant voltage welder)：一種電銲機電源，在全荷及無荷時，其電壓可自動保持在額定電壓範圍內，當電流變更時其差誤不超過百分之五，且可在很短的時間內恢復正常，因此具有很穩定之電壓。施銲電流變更對電弧電壓影響甚微。

空氣乙炔氣銲(air-acetylene welding)：係以空氣(代替氧氣)與乙炔氣混合燃燒為銲接熱源的一種施銲方法。其熱力因受其他氣體(如氮、氬、氦氣等)在燃燒中吸熱量，故較純氧火焰的溫度為低。

定點銲(tack weld)：乃一種臨時在接縫上銲接幾點，僅用以組合固定工作物接合之相關位置，以利施銲工作以免受膨脹發生位置變動，該種銲點稱之為點銲。

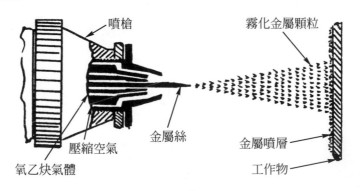

圖 9.20　金屬噴銲

金屬噴銲(metallizing 或 metal spraying)：為了工作物表面獲得一層耐磨損、耐腐蝕、耐高溫，或尺吋加大等目的，將一種金屬(或非金屬)使之經過高溫火焰熔化噴在工作物表面的一種噴佈方法，稱之為金屬噴銲或金屬溶射法。按使用的熱源及金屬材料形狀可分為以下四種：(1)金屬絲火焰噴銲法，(2)金屬粉火焰噴銲法，(3)金屬絲電弧噴銲法，(4)金屬粉

電漿噴銲法。(參見圖 9.20)

九劃

背襯(backing)：施銲時以一種物資(如石棉、石墨、銲劑、金屬、惰性氣體等)背墊於銲接頭根部，襯托熔融金屬，以確保根部接合良好，稱之為背襯。

背襯銲(backing weld)：係以銲接方式在接頭根部銲接金屬為背襯，如圖 9.21 所示，稱之為背襯銲。

閃光銲(flash welding)：為電阻銲接方法之一種，請參見本書 3-7-5 節。

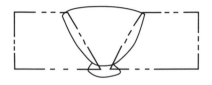

圖 9.21　背襯銲

後熱(post-heatin)：係指銲接後或切割後，隨即加熱處理的工作，稱之為後熱。

後向銲法(backhand welding)：請參見右向銲法(right ward welding)。

前向銲法(fore hand welding)：請參見左向銲法(left-ward wdlding)。

刻頸折斷試驗(neck-breas test)：係銲接件一種破壞試驗，首先將銲接試件中央兩側各開 1/4 吋深槽(如圖 9.22 所示)，然後裝置在壓床施壓力壓斷(或鎯頭鎚擊打斷)，觀察接頭斷面結構是否結合密緻之一種破壞試驗，稱之為刻頸折斷試驗。如發現每平方吋內有六個以上的氣孔，或者氣孔直徑超過 1/16 吋時，則均認為銲接不良，不合格。

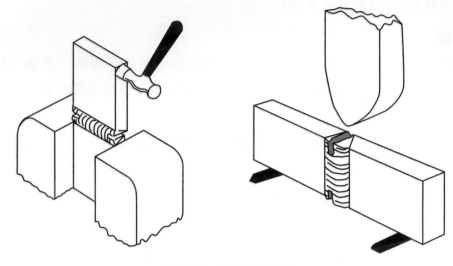

圖 9.22　刻頸折斷試驗

十劃

氧氣(oxygen)：氧氣是無色、無臭、無毒之氣體。空氣中佔五分之一，為燃燒之重要助燃氣體。在施銲上為了火力加強，故氧氣愈純愈好，一般施銲用氧氣純度為 98-99 ％之間。

氧化(oxidation)：一般而言一物質與氧化合之作用，如金屬生銹，植物腐爛等。就原子價之電子學說而言，失去一個或多個電子時，謂之氧化，即被氧化物質內之原子失去電子之反應。

氧化火焰(oxidizing flame)：一種有過剩氧氣之氧乙炔火焰，有強烈之氧化作用，稱之為氧化火焰。

氧氣瓶(oxygen cylinder)：乃一種設計裝納氧氣供銲接用之特製金屬瓶。

氧氣鎗(oxygen lance)：係指鋼鐵廠用以協助燒穿巨大金屬結塊之一種工具，該組工具包括有氧氣瓶，橡皮管，把手及細長吹管。

氧氣切割(oxygen cutting)：凡利用氣體燃燒火焰之金屬切割方法如氧乙炔切割(oxy-acetylene cutting)、氧煤氣切割(oxy-city gas cutting)、氧氣鎗切割(oxy-lance cutting)等，均稱為氧氣切割，因為該等切割主要係氧氣與母金屬的一種化學化應產生大量熱能，而乙炔氣或天然煤氣、氫氣、丙烷等的燃燒熱量僅供維持所需要之預熱溫度而以，故均屬於氧氣切割。

氧氣電弧切割(oxy-arc cutting)：係以金屬管為導電之電極，該電極與工作物構成通路形成電弧，氧氣經電極管輸送至電弧協助燃燒，及迅速移除熔融金屬形成切割的一種方法，如圖9.23。

氧氣乙炔銲(oxy-acetylene welding)：即平時所稱之氣銲(gas welding)係利用乙炔氣與氧氣混合燃燒火焰所產生之高溫的一種銲接方法。(請參閱本書3-10-2節)

氣孔(blowhole)：在銲接頭內由於氣體陷入所形成之孔穴，稱之為氣孔或氣泡，氣囊(gas pocket)。

氣銲(gas welding)：請參閱本書3-10-2節。

氣體背襯(gas backup)：係利用氣體(通常為氬氣氦氣之惰性氣體)背襯於銲接頭根部，稱之為氣體背襯。其作用有二：(1)減低工作物受熱溫度，(2)屏蔽根部銲珠以免受空氣污染。

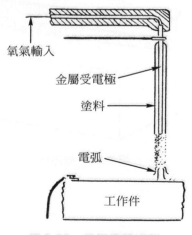

氧氣輸入

金屬受電極

塗料

電弧

工作件

圖9.23　氧氣電弧切割

氣冷式銲槍(air cooled holder)：係惰氣屏蔽電弧銲一種銲槍，利用屏蔽氣體經過電源導線及槍頭使之冷卻，稱之為氣冷式銲槍。利用水冷卻者，稱之為水冷式銲槍。

氦氣(helium)：是一種無色、無臭、無味、不自燃、亦不助燃之惰性氣體，在屏蔽電弧銲應用中，乃一重要屏蔽氣體之一。空氣中該氣體的含量僅約 0.00005 ％，欲從空氣中提取極為困難，我國尚無製造氦氣工廠，國外的氦氣製造係從一種天然氣體中提取，一般屬於國家管制品。

氦弧銲(heliarc welding)：即遮蔽金屬電弧銲，由 helium 與 arc 兩個英文字所組成。

根隙棒(spacer strip)：裝於銲接頭根部空隙之間的金屬棒，稱之為根隙棒。該棒在熔銲時，一面支持熔接之進行，一面維持根隙距離之大小，如圖 9.24 所示。

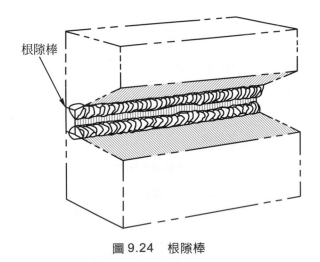

根隙棒

圖 9.24　根隙棒

根部空隙(root opening)：係指接頭根部相離開之空隙，稱之為根部空隙，如圖 9.25 所示。

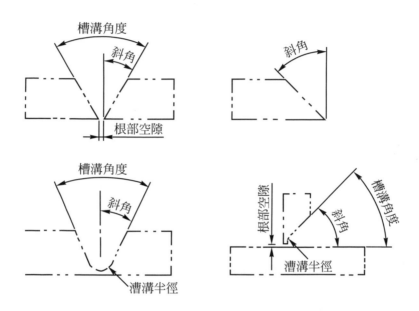

圖 9.25　根部空隙漕溝角度，漕溝半徑及斜角

浮凸銲(projecting welding)：係電阻銲法中之一種，請參見本書 3-7-3 節。

浸漬硬銲法(dip braxing)：係硬銲方法之一種，首先將工作物夾持牢固，然後浸漬於熔融銲料池或化學藥品(銲劑)池內，利用其熔鹽之高溫，使硬銲料填充於接合面間的一種硬方法，稱之為浸漬硬銲法。

十一劃

堆搭(overlap)：係指過量之銲接熔融金屬，未與母金屬相熔合突出隆起於銲趾部位，稱之為堆搭或突出。如圖 9.26 所示。

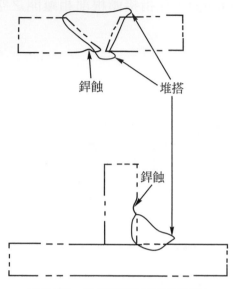

圖 9.26 堆搭及銲蝕(過熔低陷)

堆積率(deposition rate)：熔銲時，單位時間內所堆積之金屬重量，稱之為堆積率。

堆積次序(built-up sequence)：係指多層銲時，銲接金屬堆積之層次，稱之為堆積次序

堆積金屬(deposition metal)：係指施銲時，填入堆積之銲條金屬，稱為堆積金屬。

堆積效率(deposition efficiency)：堆積金屬的重量與所消耗電銲條(包括夾持部份所丟掉短尾)總重量之比，稱為堆積效率。

斜邊(bevel)：工作物銲前加工切割之斜邊，即銲接邊緣的一種準備典型。

斜角(bevel angle)：垂直構件表面與斜邊所成之角度，稱為斜角，請參見圖 9.25。

軟銲(soldering)：請參見本書 3-9-7 節。

軟銲料(solder)：係指軟銲用的填充合金材料，通常為一些熔點較低的

金屬(如鉛、錫、鋅、銻、鉍等)所組成。最普通者,如錫銲料。

珠擊(peening):用小鎯頭在銲接頭上作連珠敲擊的一種金屬機械工作。

連續熔接(continuity weld):熔接的金屬無中間間斷者,稱之為連續熔接。

趾裂(toe crack):係指基金屬靠近銲趾之裂紋,稱之為趾裂。如圖 9.27 所示。

脫氧劑(deoxidizing agent):磷(P)及矽(Si)在熔融金屬內能驅除氧化物之氧,及氣泡,增進銲接金屬效果。此等元素稱之為脫氧劑。

基材金屬(base metal):係指被銲接之工作物金屬材料,又稱之為母金屬。

起弧(drawing the arc):此為電弧銲法中第一步工作步驟,電路接通後,將電銲條電極略形與工作物接觸後,即行離開一小距離,形成電弧,稱之為起弧。

圖 9.27　趾裂

十二劃

氬氣(argon):是一種無色、無臭、不燃燒亦不助燃之一種惰性氣體,不易與別種元素化合,也難溶於熔融金屬中,對電弧無不良影響,故在遮蔽金屬電弧銲中應用最廣。

氬銲:係我國對惰氣鎢極銲之一種俗稱,係因為使用氬氣,故普通一般稱之為氬銲。

塗料電銲條(covered electrode):係一種金屬銲條,表面塗有一層銲劑,稱之為塗料電銲條。該層塗料的作用,在增進銲接金屬之各種性質,及使電弧保持穩定。

惰氣鎢極電弧銲(inert-gas tungsten arc welding):請參閱本書第 3-3 節。

混合室(mixing chamber)：氣銲槍切割槍之一部份，燃燒氣體及助燃氧氣在內相混合，以供燃燒。

接合面(faying surface)：係指兩構件相銲接時，其相互接觸之表面，稱之為接合面。

殘餘應力(residual stress)：在銲接時，由於熱或機械作用的結果所引起之應力，通常為了防止這些應力，銲前事先預熱可以減少，或者銲後趁熱連珠敲擊或退火以解除之。

密合接頭(olased joint)：其接頭接合面相互緊為接觸而無間隙者，謂之密合接頭。

間斷銲接(intermittent welding)：其銲接間，有未經熔接之間斷空間者，稱之為間斷銲接，如圖 9.13 所示。

超音波銲接(ultrasonic welding)：請參閱本書第一章第二節。

捲扣式接頭(crimp type joint)：兩構件邊緣捲扣接合一起，稱之為捲扣式接頭。

等壓式銲鎗(balanced pressure torch)：係指氧氣與乙炔氣相等之壓力進入混合室之氣銲鎗，稱之為等壓式銲鎗。

單面開槽對接銲(single vee or U groove weld)：係單從工物一面開槽(V型或 U 型)的對接銲接，如圖 9.28 所示。

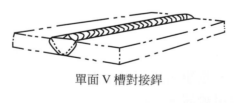

單面 V 槽對接銲

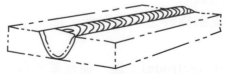

單面 U 槽對接銲

圖 9.28　單面開槽對接銲

十三劃

填角銲(fillet weld)：T 型接頭(tee joint)，搭接頭(lap joint)或角接頭(corner joint)等銲接，其接頭切面呈為一直角或近似直角，均稱之為填角銲。請參見圖 9.11、圖 9.12。

填角銲邊(leg of a fillet weld)：自填角銲之趾至接頭根部之距離，稱之為填角銲邊，請參見圖 9.11、圖 9.12。

填角銲喉厚(throat of a fillet weld)：理論喉厚：係指填角銲接樺橫切面，其根部至斜邊(兩銲趾間直線)之垂直距離(請參見圖 9.11、圖 9.12 所示)。實際喉厚：填角銲接頭橫切面，其根部至銲珠表面之最短實際距離(請參見圖 9.11、圖 9.12 所示)。

電烙鐵(electronic iron)：一種以電熱源之軟銲工具(如圖 9.29 所示)。其銲頭以銅製成，因為銅具有甚高之導熱性及熱容量。電烙鐵的大小型式甚多，小至用於印刷電路者僅 15 瓦特。大至用於特殊工作者高達 1250 瓦特。

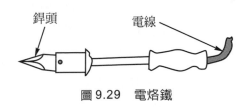

鋁頭　　　　電線

圖 9.29　電烙鐵

電阻銲(electric resistance welding)：請參閱本書第一章第七節。

電子束銲(electron beam welding)：請參閱本書第一章 3-9-3 節。

電弧切割(arc cutting)：係利用電極與基金屬(工作物)所產生之電弧熱力，使金屬熔化成液體，重力作用及電弧力(the force of arc)形成割口的切割方法。由於電極材料或輔助的方法而演進，有碳極電弧切割法(carbon arc cutting)、塗料金屬電弧切割法(covered metal-electrode arc cutting)、氧氣電弧切割法(oxy-arc cuttin)、壓縮空氣碳極電弧切割法

(air carbon-arc cutting)、惰氣金屬電弧切割法(gas metal-arc cutting)、電離氣電弧切割法(plasma-arc cutting)等。

電弧銲法(arc welding)：係藉電弧熱力將基材金屬及銲條熔化銲接一起，該銲法演進的銲接方式甚多，如碳極電弧銲(carbon-electrode arc welding)、裸金屬電弧銲(bare metal-arc welding)、遮蔽金屬電弧銲(flux-shielded metal-arc weldign)、氫原子銲(atomic-hydrogen welding)、潛弧銲(submerged-arc welding)、惰氣鎢極電弧銲(inert-gas shielded-arc welding)、惰氣金屬電弧銲(inert-gas shielded-arc welding)、電離氣電弧銲(plasma-arc welding)等。

電弧長度(arc length)：乃經過電弧中心，從電極端點至電弧接觸工作物之間的距離，為電弧長度。

電極夾頭(electrode holders)：為夾持電極之工具，以人力手持操作，故其把手必須絕緣良好，而使用輕便。

電離氣電弧銲(plasma-arc welding)：請參見本書3-9-1節。

電離氣電弧切割(plasma-arc cutting)：係藉電離氣電弧高溫熔切工作物，由於近似音速氣流，隨即將熔化的金屬移除，形成很平滑的切口，就目前而言，是一種能切割各種金屬(如不銹鋼及各種非鐵金屬)之切割方法，亦是種高速的切割方法，切割速率能高達1000吋／分鐘。

雷射銲(laser welding)：請參閱本書3-9-2節。

預熱(preheating)：在銲接或切割前，先將工作物材料加熱至某一程度，稱為預熱。

跳銲法(skip welding)：一種減少變形之熔銲方法，即先作等距離拴銲點住，再依第一、四、七、十等間距離內實行間斷銲接，然後再依二、五、八等次序銲接，最後依三、六、九等次序銲接，完成整個銲接工作。此銲法稱之為跳銲法。

搭接(lap joint)：在不同一平面內之兩工作物相互疊合搭接(請參閱表9.3所示)，稱之為搭接。通常分單面銲搭接及雙面銲搭接兩種。

塞孔銲(plug weld)：兩構件相互疊合搭接，上面工作物鑽有孔洞，從其孔洞用銲條填塞相接合，或上面工作物未鑽孔洞直接熔穿上與下面工物接合，均稱之為塞孔銲，如圖9.30所示。

溶渣夾雜(slag inclusion)：係熔銲時，熔積金屬中夾雜有非金屬之溶渣者，稱之為溶渣夾雜，其影響結合強度極大，簡稱夾渣。

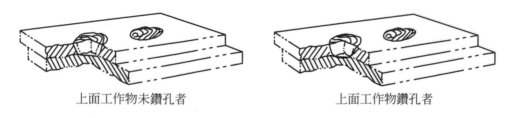

上面工作物未鑽孔者　　　　　上面工作物鑽孔者

圖9.30　塞孔銲

裸電銲條(bare electrode)：即金屬條未加上塗料(銲藥)之電銲條，稱為裸電銲條。係過去早期電銲所使用，因銲接品質不及塗料電銲條，且操作電弧不穩定，故現已日趨淘汰。

十四劃

熔銲(fusion welding)：工作物接合部位之基材金屬與銲條金屬，熔接時均達到熔化狀態相溶合一起之銲接方法，稱之為溶銲，如氣銲、電熔銲、雷射銲等。

熔塊(nugget)：係指電阻點銲、縫銲、浮凸銲等接樺相熔合之銲接金屬，相結合之熔塊，如圖9.31所示。

銲蝕(undercut)：銲珠兩側之銲趾處基材金屬因電流過大，或溫度過高，銲條織動技術欠佳等因素，所造成之熔融凹陷現象，稱之銲蝕，又稱之為過熔低陷。請參見圖9.21所示。

熔化深度(depth of fusion)：熔銲時，係基材金屬所熔化之深度，如圖9.32所示。

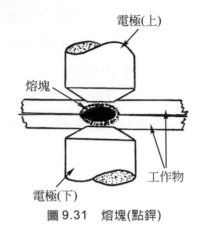

圖 9.31 熔塊(點銲)

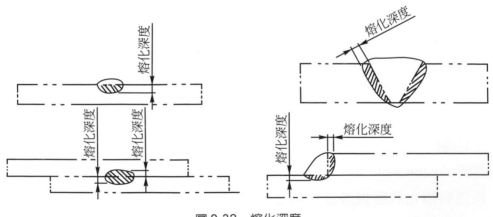

圖 9.32 熔化深度

熔化不全(incomplete fusion)：熔銲時，由於溫度不夠，或電流太低，或操作技術不當，而使基材金屬(根部)部份未完全熔化，稱之為熔化不全，如圖9.33所示。

熔化完全(complete fusion)：熔銲時，整個銲接樺基材金屬的表面與銲條金屬均已完全熔化相結合，稱為熔化完全。

對接(butt joint)：兩構件位於同一平面內相對接合(參閱表9.3)，稱之為對接。

對稱間續塡角銲(chain intermittent fillet welding)：T型塡角銲，其兩側分段相互對稱銲接(如圖9.34所示)，稱之為對稱間續塡角銲。

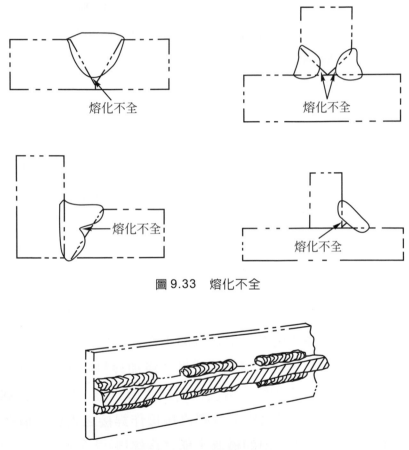

圖9.33　熔化不全

圖9.34　對稱間續塡角銲

碳化鈣(calcium carbide)：俗稱電石，其化學結構為CaC_2，為銀灰色固體，與水作用產生乙炔氣(C_2H_2)，通常以此作用製成各種各式之乙炔發生器，供應氣銲用之乙炔氣。

碳化火焰(carbonizing flame)：係一種氧乙炔火焰，因其燃燒過程中乙炔氧過剩，其火焰含有多量之碳素，故稱為碳化火焰，或還原火焰(reducing flame)。

碳極電弧切割(carbon arc cutting)：以碳棒為電極與工作物基材構成電弧為熱源的一種電弧切割方法，稱之為碳棒電弧切割。

塊段堆疊銲法(block sequence welding)：銲接時分段並間隔施以縱堆疊，每層較其下層為短，然後將未銲之空段再行銲滿，稱之為塊段堆疊銲法，如圖9.35所示。

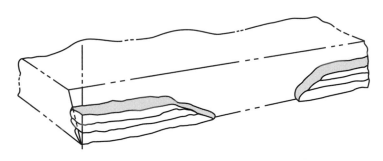

圖9.35　塊段堆疊銲法

十五劃

銲接(weld)：將工件或兩件以上之金屬工作物，在其接頭局部位置加至適當溫度，使其熔化，或半熔化，或僅使填加銲料熔化而工作物基材金屬不熔化，在加壓或不加壓之情況使之結合於一體，稱之為銲接。

銲工(welder)：具有銲接技術而實際直接接作銲接之人員，稱為銲工。

銲機(welder)：銲接所使用的機器，稱之為銲機。

銲鎗(welding torch)：一種銲接操作工具，稱之為銲鎗，如氣銲鎗、惰氣鎢極弧銲銲鎗等。

銲嘴(welding tip)：係指銲鎗最尖端之管嘴部份(如氣銲鎗嘴噴出氣體燃料之部份)稱之為銲嘴。

銲架(welding jig)：施銲時裝置工作物之機架。

銲面(face of weld)：係指銲珠之表面，稱之為銲面，如圖9.36所示。

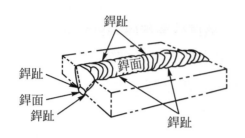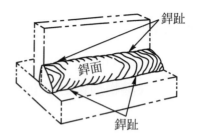

圖9.36　銲面及銲趾

銲趾(toe of weld)：係指銲面與基材表面之交界部份，稱之為銲趾，如圖9.36所示。

銲疤(crater)：由於收起電弧或火焰停止所造成之深孔或凹坑，稱之為銲疤。

銲劑(flux)：施銲時，清潔軟銲(soldering)或硬銲(brazing)、熔銲(welding)接頭表面，熔解氧化物及消除氣泡所用之化學藥劑，稱之為銲劑。

銲條(welding rod)：施銲時，填加至熔池內使與基材金屬接合之一種金屬棒條，稱之為銲條(或銲絲)。

銲接件(weldment)：係指銲接接合之機件，稱之為銲接件。

銲接性(weldability)：係指一種金屬在製作情況下，銲接能夠合乎理想結構的性能及合乎使用的要求之情形。

銲接頭(welded joint)：係指兩件或兩件以上之構件，係由銲接結合的部位，稱之為銲接頭。

銲濺物(spatter)：氣銲或電銲時，所飛濺散出之熔融金屬微粒，稱之為銲濺物。

銲濺損耗(spatter loss)：施銲時，由飛散之銲濺物所損耗之熔融金屬，稱之為銲濺物損耗。

銲珠方式(bead squence)：係指熔銲時銲珠堆積之方式，稱之為銲珠方式。通常分直線式銲珠(string bead)及織動式銲珠(weaving bead)兩種。

銲工手套(welding glaves)：保護銲接工作人員手部與小臂免受電弧光射線及飛濺物灼傷之手套。該種手套通常用鉻鞣之皮革及內襯薄帆布所製成。

銲工眼鏡(welding goggles)：又稱護目鏡，係一種過濾光學眼鏡，銲接人員用以保護眼睛以防弧光射線及銲濺物灼傷。

銲條游動(flagging)：立銲時，電銲條必須作前後移動，以防止發生銲蝕(undercut)及熔融金屬墜落等弊，此種移動稱之為銲條游動。

銲接頭軸(axis of a weld)：係指垂直通過銲接頭橫切面之重力中心線，稱之為銲接頭軸，請參閱圖 9.6，9.7 所示。

銲接符號(welding symbols)：係藍圖上指示銲接頭型別，尺寸大小，熔透深度及相關位置等之表示符號，稱之為銲接符號。

銲接電流(welding current)：係施銲時，銲接電路上所經過之電流，電阻銲則包括銲前銲後之間的電流。

銲接金屬(weld metal)：係指銲接頭熔化之全部金屬，包括工作物基材金屬所熔化的部份及填加之銲條金屬相熔結之全部。

銲接加強層(reinforcement)：係指銲接金屬高出工作物基材的部份，如圖 9.37 所示。

銲珠下裂紋(underbead crack)：銲接受熱區基材金屬內未伸出至表面之裂紋，發生在銲珠下附近之基材金屬上之裂紋，稱之為銲珠下裂紋，如圖 9.38 所示。

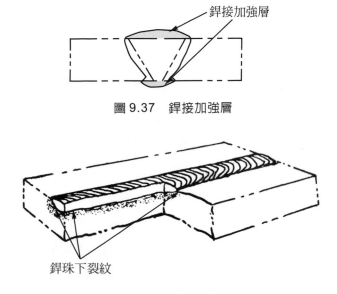

圖 9.37　銲接加強層

銲珠下裂紋

圖 9.38　銲珠下裂紋

銲接熔融區域(weld metal area)：係指銲接頭之橫切面之銲接熔融區域，請參閱第二章第 4-2 節。

橫銲(horizontal welding)：施銲時，其銲接頭中心軸為水平或近於水平，而銲接頭面朝側(如圖 9.39 所示)，稱之為橫銲。

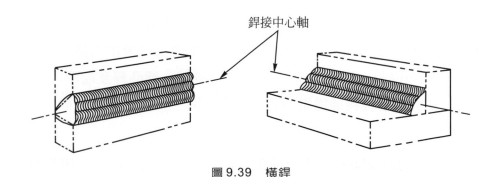

銲接中心軸

圖 9.39　橫銲

熱影響區(heat-affected zone)：係指銲接或切割時，工作物基材未熔化受熱影響變更其細微結構或機械性質之區域(參閱 2-4-2 節)。

端壓銲(upset welding)：請參見本書第一章 7.5 節。

十六劃

錫銲：我國對軟銲(soldering)的一種俗稱，由於所使用的銲料多屬錫基合金而得名，請參見軟銲(本書第三章第 9-7 節)。

摩擦銲：(friction welding)：請參閱本書第三章 8-1 節。

聯熔銲法(union-melt process)：即潛弧銲，請參閱本書第三章第六節。

頭盔面罩(helmet)：係銲接人員戴用的一種頭盔式面罩，用以保護面部、頸部及眼睛，以防止電弧光射線及火花銲濺物所灼傷。

實際喉厚(actual throat)：請參見圖 9.11、圖 9.12 所示。

燃燒強度(combustion intensity)：爲評定可燃氣體性質的一種標準，係燃燒氣體熱值與其燃燒速度之乘積，謂之燃燒強度。其方程式：$J = V \times H$，J 表燃燒強度(B.T.U/呎^2／秒)，V 表火焰燃燒速度(呎／秒)，H 表氣體之熱值(BTU/呎^3)。

十七劃

還原火焰(reducing flame)：請參見碳化火焰。

點銲(spot welding)：請參見本書第三章第 7-2 節。

縫銲(seam welding)：請參見本書第三章第 7-4 節。

潛弧銲(submerged arc welding)：請參見本書第三章第六節。

擠壓時間(squeeze time)：電阻銲(點銲、縫銲、浮凸銲及端壓銲等)過程中，其壓力作用時與通過電流時相距之時間，稱之爲擠壓時間。

十八劃

濾光玻璃(filter glass)：係一種帶青綠色及綠黃色的玻璃，用以吸收紫外線種紅外線以防傷害銲接工作人員眼睛，該玻璃稱之爲濾光玻璃。

邊緣接頭(edge joint)：兩構件之平行(或接近平行)邊緣相接合一起，稱之為邊緣接頭。請參閱表9.3。

鎢電極(tungsten electrode)：指惰氣鎢極電弧銲及電離氣銲接所使用之電極，係用耐高溫之鎢金屬(其純度約99.5％以上)或含微量之釷元素，或鋯元素所製成。

瀑布式銲法(cascade sequence)：其銲法銲珠作瀑布式縱向堆疊(如圖9.40所示)。該銲法可減小熱裂效應。

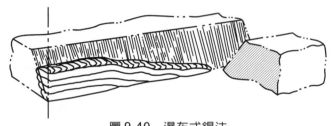

圖9.40　瀑布式銲法

織動銲法(weaving bead welding)：一種施銲操作技術，係銲接時電銲條沿銲接頭作織動進行(即左右擺)，如圖9.41所示。

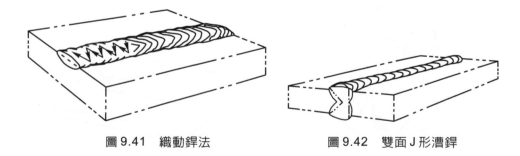

圖9.41　織動銲法　　　　圖9.42　雙面J形漕銲

雙面斜型槽銲(double-bevel groove weld)：對接頭的一種型式，如圖9.11℃所示。

雙面V型槽銲(double-V groove weld)：對接頭的一種型式，如圖9.10℃所示。

雙面J型槽銲(double-J groove weld)：對接頭的一種型式，如圖9.42所示。

雙面U型槽銲(double-U groove weld)：對接頭的一種型式，如圖 9.12℃
所示。

十九劃

爆炸銲(explosive welding)：請參見本書第三章第 8-2 節。

二十劃

爐熱硬銲(furnace brazing)：係用爐加熱的一種硬銲法，將工作物預先
塗上銲劑及裝妥銲料，然後置放在爐內加熱，稱之為爐熱硬銲。

二十一劃

護目罩(eye shield)：在銲工、磨石工工作時，所戴之一種特製護罩，用
以保護眼睛，稱之為護目罩。如圖 9.43 所示。該護目罩通常用透明塑膠
或纖維質(fiber)板與透明玻璃與材料製成。

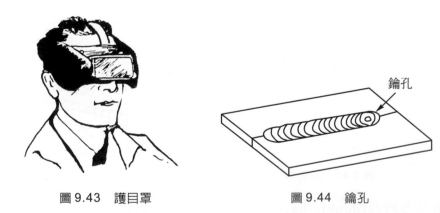

圖 9.43　護目罩　　　　　　　　圖 9.44　鑰孔

鑰孔

二十二劃

彎曲試驗(bend test)：是將銲接件樣品彎曲至 180 度試驗銲接頭之機械
性質，並測驗銲接工作人員之施銲技術。其試驗方法通過包括兩種方
式。請參閱本書第七章第二節。

二十三劃

聽聲試驗(stethoscapic testing)：是一種簡單的檢試方法，係用小鎯頭一面敲擊銲珠，一面用聽筒聽其發出之震聲(ring)，以辨別銲接頭的好壞，如無瑕疵，其震聲則清脆，如有氣孔或裂紋等，則震聲帶有嘶嘶之聲音。

二十五劃

鑰孔(keyhole)：電離氣電弧銲時，由於柱狀形電離氣的噴射力量，在熔化的金屬上形成一深孔，謂鑰孔(如圖 9.44 所示)。由於該鑰孔作用(keyhole action)，接頭能夠熔透而接合。

習 題

1.　使用銲接符號有何優點？
2.　銲接符號由那些要素構成？
3.　簡述銲道表面形狀之符號？
4.　敘述銲道表面加工輔助符號有那些？

5.   說明下列銲接符號之涵意？

(1)
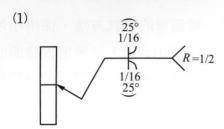

(2)
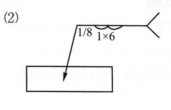

(3)
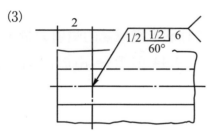

(4)
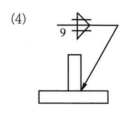

(5)
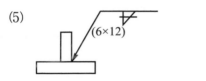

(6)
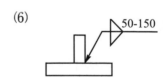

參考書目

1. 王振欽編著，銲接學，登文書局，民75年。

2. 李隆盛編著，銲接實習，全華圖書公司，民74年。

3. 張永耀編著，金屬熔銲學，徐氏基金出版社，民69年。

4. 董基良著，銲接學，三民書局，民74年。

5. 賴耿陽譯，銲接技術叢書，復漢出版社，民66年。

6. Andrew D. Althouse, Carl H. Turnquist, and William A. Bowditch, Modern Welding, the Goodheart-Willcox Co. Inc. U.S.A., 1984。

7. Aws, Welding Handbook, vol.4, 1985。

8. Aws, Welding Inspection, 1980。

9. Howard B.C., Mordern Wellding Technology, Prentice-Hall, Inc. Englewood Cliffs, 1979。

10. Houldcroft P.T., Welding Process Technology, Cambridge University Press, 1979。

11. Richard L.L., Welding and Welding Technology, MCgraw-Hill, Inc. U.S.A., 1973。

12. 銲接標準名詞，中華民國銲接協會，民88年。

國家圖書館出版品預行編目資料

自動控制 / 蔡瑞昌等編著. -- 三版. -- 臺北縣土城市 : 全華圖書, 2008.07
  面 ; 公分
  參考書目 : 面
  含索引
ISBN 978-957-21-6430-3(平裝)

1.CST: 自動控制

472.14

自動控制

作者 / 蔡瑞昌・陳維・張白熙・林忠儀

發行人 / 陳本源

執行編輯 / 廖家慶

出版者 / 全華圖書股份有限公司

郵政帳號 / 0100836-1 號

印刷者 / 宏懋打字印刷股份有限公司

圖書編號 / 05314

三版一刷 / 2008 年 7 月

定價 / 新台幣 500 元

ISBN / 978-957-21-6430-3(平裝)

全華圖書 / www.chwa.com.tw

全華網路書店 Open Tech / www.opentech.com.tw

若您對書籍內容、排版印刷有任何問題，歡迎來信指導 book@chwa.com.tw

臺北總公司(北區營業處)   中區營業處
地址：23671 台北縣土城市忠義路 21 號   地址：40256 台中市南區樹義一巷 26 號
電話：(02) 2262-5666   電話：(04) 2261-8485
傳真：(02) 6637-3695・6637-3696   傳真：(04) 3600-9806(高中職)
                                      (04) 3601-8600(大專)
南區營業處
地址：80769 高雄市三民區應安街 12 號
電話：(07) 381-1377
傳真：(07) 862-5562

國家圖書館出版品預行編目資料

銲接學 / 周長彬等編著. -- 二版. -- 臺北縣土城
市：全華圖書, 2008.07
面；　公分
參考書目：面
ISBN 978-957-21-6430-3(平裝)
1.CST：銲工

472.14　　　　　　　　　　　　　97008838

銲接學

作者／周長彬、蘇程裕、蔡丕椿、郭央諶

發行人／陳本源

執行編輯／楊智博

出版者／全華圖書股份有限公司

郵政帳號／0100836-1 號

印刷者／宏懋打字印刷股份有限公司

圖書編號／0536001

二版八刷／2022 年 2 月

定價／新台幣 400 元

ISBN／978-957-21-6430-3(平裝)

全華圖書／www.chwa.com.tw

全華網路書店 Open Tech／www.opentech.com.tw

若您對本書有任何問題，歡迎來信指導 book@chwa.com.tw

臺北總公司(北區營業處)
地址：23671 新北市土城區忠義路 21 號
電話：(02) 2262-5666
傳真：(02) 6637-3695、6637-3696

南區營業處
地址：80769 高雄市三民區應安街 12 號
電話：(07) 381-1377
傳真：(07) 862-5562

中區營業處
地址：40256 臺中市南區樹義一巷 26 號
電話：(04) 2261-8485
傳真：(04) 3600-9806(高中職)
　　　(04) 3601-8600(大專)